物理で広がる鉄道の魅力

半田利弘 著

丸善出版

まえがき

　日常，通勤通学に使う電車，あるいは，世界に冠たる高速鉄道である新幹線。日本には多くの列車が走り，日々，我々の生活と深い関わりをもっている。統計的にも日本は年間旅客輸送量ではインドを大きく引き離し世界第1位。まぎれもない鉄道大国である。

　鉄道趣味も盛んで多くの雑誌が刊行されている。そこには当事者が車両や施設について解説した記事が掲載されることも多く，鉄道好きには格好の情報源となっている。

　物理学者や天文学者にも鉄道好きな人が多く，私もその1人である。職業柄，鉄道に関することでも物理学的な説明を求めてしまう。ところが，そのような視点で書かれた一般向けの書籍はこれまでほとんど見かけなかった。そこで，鉄道に関するさまざまな話題を基本的な物理学の法則に基づいて，できるだけ簡単に記述してみたのが本書である。

　理解の前提となる物理学は，基本的に高校で習う物理学を基準とした。ただし，空気や液体の流れを扱う流体力学と，熱と仕事の関係を扱う熱力学も，ある程度は知っているものとして記述した。これは，本書の目的が物理学の説明にあるわけではなく，その知識を応用して鉄道に関連した知識を楽しむことにあるからである。

　鉄道といえば，車両がもっともなじみ深いので，そこから筆を起こしたが，せっかくの機会なので，線路や信号など，できるだけ広い範囲を取り上げた。また，物理学も鉄道も日本固有なわけではないので，実例については海外の鉄道に関してもなるべく触れるようにした。

　本書は物理雑誌『パリティ』に連載した「物理で深まる鉄道趣味」（2009年10月〜2010年4月号，全7回）を元としているが，書籍化にあたって記述の修正

と見直しを行い，新たに4つの章と4つのコラムを書き下ろした．天文学者は分類が好きなので，巻末には，いまでもJRに概ね継承されている，国鉄の車両形式称号の規則を趣味的見地からまとめておいた．国鉄の公式文書としての形式称号規定もあるが，本書の記述は必ずしもそれに準拠してはいないのでご注意願いたい．

　本書の記述内容はいろいろな資料にあたって確かめたが，私自身，鉄道関係者ではないため，いくつか誤解があるかもしれない．発見された方はご指摘いただけるとありがたい．

　本書によって，聞いたことがある話でも背景を知ることで鉄道趣味が一段と深まること，鉄道趣味を深めるうえでも物理学の理解が役立つことなどが伝われば幸いである．

2010年9月　　　　　　　　　　　　　　　　　　　　　　半　田　利　弘

もくじ

第1章　蒸気機関車のしくみ …… 1
車輪が滑れば,汽車は動かず――軸重と粘着　2／黒い煙は癪の種――火室から煙突まで　3／シュッシュッポッポの深い意味――シリンダーと弁装置　6／転ばぬ先の杖――先輪があるわけ　11
　　　コラム　　ベルヌーイ効果　5／カルノーサイクル　8

第2章　抵抗制御式電車のしくみ …… 13
ドイツ生まれでアメリカ育ち――電気鉄道と電車　14／行きと帰りは別の道――架線からレールへ　15／ゆっくりなほど力もち――ローレンツ力と直流直巻モーターの特性　17／直列で過大電流に抵抗せよ――直並列制御と抵抗制御と弱め界磁　18／仲間といっしょにすべらない話――総括制御と再粘着性能　22／衝撃の質量――吊掛式駆動とカルダン式駆動　23

第3章　交流電化とVVVF電車 …… 25
ドイツ生まれでフランス育ち――電気抵抗と交流電化　26／電磁誘導と電子陽子の非対称――変圧器と整流器の作用　27／磁場の波に乗れ――VVVF電車とリニアモーター　32／切っても切れない架線の接続――デッドセクション　37
　　　コラム　　3相交流　38

第4章　気動車のしくみ …… 39
内に秘めたる燃えるもの――レシプロ内燃機関の原理　40／うんとこらえて力を溜めて――レシプロ内燃機関のしくみ　42／馬力を上げて――エンジンの出力を決める要因　45／噛み合っていれば問題解決――変速機と電気式気動車　47／滞りなく燃える――ガスタービン機関　52
　　　コラム　　電車文化と前面展望　54

第5章　鉄道車両の制動 …… 55
空気を読んで使え――空気ブレーキ　56／フェイルセーフと音速の限界――自動ブレーキと電気指令式ブレーキ　60／電気の力で減速せよ――電気ブレーキと電力回生ブレーキ　64／モーターがないサハどうしよう――渦電流ブレーキ　67
　　　コラム　　パスカルの原理　59

第6章　鉄道車両の走行抵抗 …… 69
摩擦の種は内部から――転がり摩擦は変形のため　70／ウケを考えて抵抗を減らせ――平軸受けからコロ軸受けへ　72／未来へ飛んで行け――究極の抵抗軽

減策　74／かっこよく風を切れ——流線形と新幹線　76
コラム　カルマン渦　80

第7章　曲線の線路 …… 81

曲がったことは大嫌い——鉄道線路の曲線　82／内外格差をなくせ——踏面形状とフランジ　83／曲線を感じさせるな——カントと振り子　88／横車は押すな——ボギー車と操舵台車　91
コラム　駅と郵便局　94

第8章　登りと下り——勾配を克服する …… 95

斜面でも滑らず——勾配で加わる力　96／急がば回れ——ループとスイッチバック　99／歯を食いしばってよじ登る——ラックレールと登山鉄道　103／綱が頼りの登山家たち——鋼索鉄道と索道　105

第9章　列車運行と信号 ……109

いるかいないか——閉塞と軌道回路　110／間違いなく詰めて——通票閉塞と色灯式信号機　113／そこがポイント——分岐器と進路を示す信号　119／来た，見た，しまった——そのときのためのATSとATC　121
コラム　東京駅とアムステルダム中央駅　124

第10章　橋梁とトンネル ……125

線路は続くよ，どこまでも——軌道の構造とレール　126／枕を並べて先へ行け——枕木と道床　128／長いトンネルを抜けると——土構造とトンネル　132／天かける線路——橋梁とその構造　136

第11章　切符と自動改札のしくみ ……143

切符のいい奴——乗車券システムと自動改札　144／触らぬ紙に摩滅なし——非接触式ICカード　147／いま，新幹線の中——走行中の列車との通信方法　151／座って遠くへ行きたい——みどりの窓口をつなぐコンピューター通信網　153
コラム　チンも電車から——ビュフェと電子レンジ　159

付録　車両形式称号……164
参考文献……168
あとがき……169
さくいん……171

蒸気機関車の
しくみ

- 蒸気機関車のしくみ
- 抵抗制御式電車のしくみ
- 交流電化と VVVF 電車
- 気動車のしくみ
- 鉄道車両の制動
- 鉄道車両の走行抵抗
- 曲線の線路
- 登りと下り―勾配を克服する
- 列車運行と信号
- 橋梁とトンネル
- 切符と自動改札のしくみ

8620型蒸気機関車。大正時代に設計された旅客用蒸気機関車で、プレートに書かれている数字8630は8620型の第11号機を意味する。昭和初期に機関車の形式名の付け方が大幅に変更になる前に製造されたため、動軸が3つでも形式名にCが付かない。(梅小路蒸気機関車館にて。)

車輪が滑れば，汽車は動かず
— 軸重と粘着 —

家畜や人力を動力とする鉄道も実在したが，蒸気機関車の発明をもって鉄道の発祥とされるように，蒸気機関車と鉄道とは深い関係がある。

ニューコメンが発明し，ワットが改良した蒸気機関で車両を動かすという着想は多くの人が思いついたようだが，最初につくり上げたのはトレビシックである。その当時もっとも心配されたのは，鉄の車輪で鉄のレールを滑らずに走れるのかということだった。

鉄どうしの静止摩擦係数は乾燥時で0.3くらい，水に濡れると0.2程度と，実際にかなり滑りやすい素材である。しかし，摩擦係数の定義を思い出すとわかるように，車輪が空転しないためには重量を加えればよい〈図1.1〉。これが実験的にわかったので，平滑なレールと円形の車輪となったのである。

鉄道の車輪は車軸でつながっているので，これを単位とすることが多く，1本の車軸に加わる重量を軸重という。日本の国鉄（JRの前身）の蒸気機関車では，C12とC56がもっとも軽く11トン程度，D52がもっとも重くて16トン程度ある。そのため，D52の場合，雨天時でも車軸1本あたり3トンほどの駆動力をかけても滑らない。おっと，力だから29 kNというべきか。

滑らずに強い力が出せれば，少々の勾配でも登っていける。質量が大きな列車ほど牽引時の摩擦も大きくなりがちだし，一定の加速度を得るには大きな力が必要だが，それも確保できる。

したがって，軸重が重い機関車ほど，大質量の列車に適している。一方，軸重が重いと線路への負担が大きくなり，線路や鉄橋を強固につくる必要がある。そのため，軸重が重い機関車は頑丈につくられた幹線しか走れない。

同じ軸重ならば，駆動力が加わる車輪である動輪（車軸でいえば動軸）の数が多いほど，機関車全体の牽引力を強くすることができる。重い貨物列車用の機関車や勾配区間用の機関車の動軸が多いのはこのためである。

一般に動摩擦係数のほうが静止摩擦係数より小さいので，一度，空転すると車輪は止まらない。空転すると，レールが減ってへこみ，ますます起動が難し

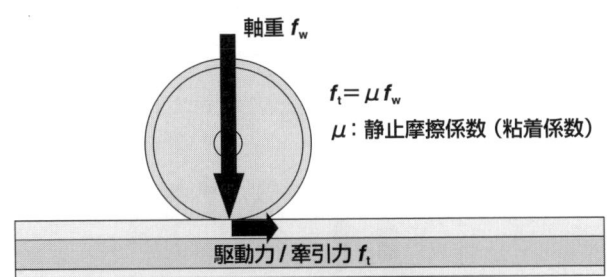

〈図1.1〉軸重と牽引力
静止摩擦係数が小さい鉄どうしでも，大きな荷重を加えれば，空転するまでに相当な力をかけることができる。

くなる。機関士がもっとも恐れるのがこれである。空転したら，いったん力を抜く必要がある。これを再粘着とよんでいる。

　動輪とレールの間に砂をまけば，静止摩擦係数を増やすことができる。これによって動輪の空転を防ぐことがある。しかし，後続の客車や貨車に対しては摩擦抵抗を増す効果を及ぼすので，多用するわけにはいかない。

　なお，摩擦というと印象が悪いからか，鉄道関係者はレールと動輪との間の静止摩擦係数を粘着係数とよんでいる。

黒い煙は癪の種
― 火室から煙突まで ―

　蒸気機関車は石炭などを燃やしてつくり出した熱で水蒸気を発生させる。しかし，鉄道車両はトンネルなどの都合で高さに制限があり，高い煙突を立てることができない。日本のほとんどの蒸気機関車は人力で石炭を機関室の焚口から火室にくべるが，煙突ははるか前方である。つまり，蒸気機関車のボイラーは横置きなのである。このため，通風が悪く，燃料はなかなか燃えない。これを補うためのしくみが煙突の直下に位置する煙室のなかにある〈図1.2〉。

　シリンダーで動力として使用した後の蒸気は，煙突の直下から真上に向かっ

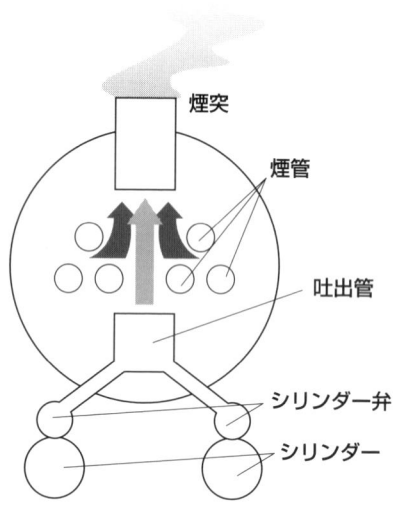

〈図1.2〉煙室とベルヌーイ効果
蒸気機関車の煙突は熱膨張による気体の上昇を利用して煙を出しているのではない。シリンダーから排出される蒸気による吐出管から煙突へ向けての高速流による強制通風である。この流れで生じる圧力を使って煙室内の圧力を下げ、煙管を通して火室内の燃焼ガスを吸引する。さらに、火格子下から外気を吸引する。この機構が有効に働かないと、火室では不完全燃焼が起こり、煙突からは黒煙が吹き出すことになる。

て吹き出すようになっている。汽車のポッポという音は、このときに生じる蒸気の排出音である。流れがあれば、その周囲の圧力は下がる。ベルヌーイ効果（コラム参照）である。これを使って火室の空気を吸い出すのだ。石炭が燃えている部分は火格子とよばれ、風が通るようになっている。その下から新鮮な空気が吸い込まれ、その酸素で石炭が燃える〈図1.3〉。

　蒸気機関車のエネルギー源は、火格子での燃焼熱である。したがって高出力にするには、発熱量の大きい燃料を用いるか、火格子の面積を大きくする必要がある。前者は高品位の石炭や重油を用いれば達成できるが、後者は線路の幅と関係がある。石炭を投入する都合から、奥行きを深くするには限界があるか

らである。

　機関車の動輪は，同じ回転数で必要な速度を得るために，直径が大きくなっている。基本的には高速列車用の機関車ほど大きな動輪をもち，日本ではC62などの1750 mmが最大である。そこで，重心を低くするとともに燃焼しやすくするために，火格子を低い位置に設けると，動輪の間に収めなければならず，火格子の幅は線路の幅より狭くせざるをえない。そのため，大出力の蒸気機関車をつくるためには，線路の幅が広いほうが有利である。日本の大部分の線路の幅は1067 mm（3フィート半）だが，これを国際標準軌の1435 mm（4フィート8.5インチ）に広げようという動きがあった最大の理由はこれである。

　線路の幅を変えずに問題を解決するために発明されたのが従輪だ。火格子を動輪の後ろ下方に張り出させ，それを支えるためだけの小さな車輪を設けるのである。

　とはいえ，あまりに広い火格子だと，人力で石炭をくべるのが間に合わなくなる。燃料係である機関助士の負担を減らすためもあり，末期の蒸気機関車には蒸気動力でねじ式に石炭をくべる自動給炭機が装備されている。

　燃焼室から煙突に抜ける通路は，多数の細い管になっている。これを煙管という。煙管はボイラーを貫通していて，ボイラー内の水に接している。燃焼ガ

ベルヌーイ効果 [Bernoulli effect]

流体が流れると，その流速に従って圧力が下がること。量的な関係を示した式はベルヌーイの定理とよばれる。密度ρの非圧縮性理想流体の定常流で，1本の流線に沿って微小断面積dS，厚さdxの微小体積dVを考える。高さh，重力加速度g，流速vとすると，dVがもつ力学的エネルギーは$(\rho v^2/2+\rho gh)dV$である。隣接する下流のdVへラグランジュ的に移動をすると，等方な圧力pがdVにする仕事は$p\,dS\,dx$となり，エネルギーはこれだけ増えて$(\rho v^2/2+\rho gh+p)dV$となる。つまり，流線に沿って$\rho v^2/2+\rho gh+p$は一定で，hが一定ならばvが大きいほどpが減少する。なお，空気は圧縮性流体なので，厳密にはこの式どおりにはならない。

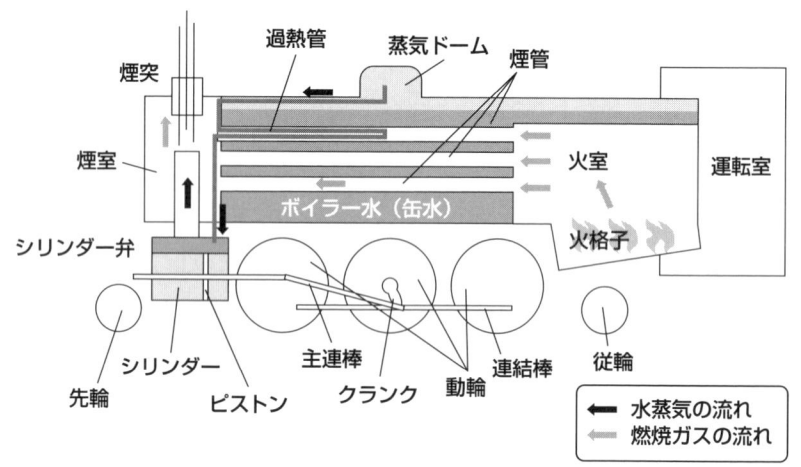

〈図1.3〉標準的な蒸気機関車の構造
火室で燃えた燃焼ガスは煙管を通って煙室へと流れ，煙突から排出される。煙管の周囲にはボイラー内の水（缶水）があり，加熱されて水蒸気となり蒸気ドームに溜まる。これを過熱管で再加熱してシリンダーに送る。使用済みの蒸気は煙室から高速で排出され，そのさいのベルヌーイ効果で燃焼ガスを吸い出す。ピストン前後のシリンダー内への蒸気の供給・排出は，シリンダー弁で入り切りされ，ピストンの動きと連動している。その連動装置が弁装置で，相対的なタイミングが調整できるようになっている。シリンダー内の蒸気はシリンダー弁によってピストンを交互に押し引きし，その力が主連棒で動輪のクランクに伝わり回転力に変わる。ほかの動輪は連結棒によって，クランクがある動輪と同期回転する。

スが煙管を通過するさいに伝導で水を加熱し，蒸気を発生させるのである。

シュッシュッポッポの深い意味
― シリンダーと弁装置 ―

ボイラーで発生した蒸気はボイラー上部にある蒸気ドームに溜められる。基本的に密閉された容器のなかで水を沸騰させるので，内部の水蒸気は高圧に

なる。

　発生した蒸気はボイラー内に溜めることができる。また，ボイラー内の水温を加減することでも，熱エネルギーを蓄積することができる。このため蒸気機関車では，一時的になら標準以上の高出力を得ることができる。

　機関車を走らせるときには，蒸気ドームから必要な量の蒸気をシリンダーに送り込む。この調整を行うのが加減弁である。

　シリンダーに送り込まれた蒸気は，内部で膨張してピストンを押し，ピストンが反対端まで達すると別の弁から排出される。その先は，すでに述べたように煙突直下の煙室につながっている。

　ピストンに直結した主連棒が動輪のクランクを回し，回転力を生じる。左右は車軸でつながっているので同時に回転するが，動軸が2軸以上ある場合には動輪どうしが連結棒でつながれ，同期回転するようになっている。

　シリンダーの弁の開閉はピストン位置と関係するので，その制御はロッドとてこで行う。ただし，ピストン位置と弁開閉のタイミングはてこの支点などを移動することで調整できるようになっている。この調整機構を弁装置という。タイミング調整を極端に変えると車輪の回転方向を逆転できるため，弁装置の調整装置は逆転機とよばれる。

　ピストンが端から端まで移動する間，蒸気の供給を続けると強い力が得られるが，大量の蒸気が必要である。ピストンが動き始めたところですぐに蒸気を止め，その後は蒸気の膨張力を使えば，力は弱くとも効率的に蒸気を利用できる。こうして，逆転機の調整で駆動力を制御することができる。ニュートン力学を思い出せば，加速中には大きな力が必要だが，定速走行時にはそれほど力は必要ないことがわかるだろう。したがって，機関車は起動してから逆転機を操作して加速度を調整しつつ，蒸気を有効に利用するように運転する。

　加減弁と逆転機の操作は，基本的にロッドやてこの動き，あるいは軸の回転などによって伝達される。蒸気機関車が開発された時代には，電気による遠隔制御が実用化されていなかったからである。

　ピストンは往復動作するので，力の加わり方は一定ではない。また，端点では一時的に止まり，加わる力はゼロになる。この点を死点という。

　日本のほとんどの蒸気機関車は，左右に1対のシリンダーを装備した2気筒

になっている。両者の死点が一致してしまうと，たまたまそこで停止したさいに，次に起動できなくなる。蒸気機関車のまねで手を左右交互に出すしぐさがあるが，それでは2分の1周期のずれなので，両端の死点が一致してしまう。実際の蒸気機関車はこれとは違って，一方のピストンが他方に対して4分の1周期ずらしてある。そこで左右のシリンダーへの蒸気の出入りのタイミングは，「入(左)入(右)出(左)出(右)入(左)入(右)出(左)出(右)」で1周期になる。この音が，「シュッシュッポッポ」のタイミングになるわけである。つまりこの音は，ピストンの位置や，それとつながっている動輪の回転角と関係しているのだ。

シリンダーが3つあれば3分の1周期，4つあれば4分の1周期ずらすことで，動輪に加わる力を均質化できる。日本ではC52とC53が3気筒機関車である。しかし，3つ目のシリンダーが車体中央部にあり，点検や整備が面倒なため普及せず，日本のそれ以外の機関車はすべて2気筒である。

シリンダーから排出された蒸気はまだ高温なので，再利用できる可能性がある。そのようにつくられた蒸気機関を複式という。船舶では何段にも使うものが実用化されたが，鉄道ではスペースも限られているため，2段までしかつくられなかった。しかも，機構が複雑になる割には効率がそれほど上がらないため，日本の鉄道ではほとんど使われなかった。

熱力学を知っていると，カルノーサイクル（コラム参照）などの理想的な熱機関の効率は高温熱源と低温熱源の温度で決まることがわかる。蒸気機関車の

カルノーサイクル [Carnot cycle]

熱エネルギーを運動エネルギーに変換する装置を熱機関とよぶが，その変換効率には上限がある。たとえば，準静的な2つの等温過程と2つの断熱過程を組み合わせると，熱から仕事を取り出したうえで熱力学的な状態を元に戻すことができる。これをカルノーサイクルとよぶ。その熱効率 η は高低2つの熱源の絶対温度で決まり，$\eta = 1 - T_{cold}/T_{hot}$ で与えられる。どんな熱機関もこの値以上の効率で熱を仕事に変換することは原理的にできない。

〈図1.4〉テンダー式蒸気機関車の例
SLやまぐち号を牽引するC57。機関車本体と炭水車の2つで1両の機関車となり，通常は両者が切り離されることはない。機関車本体には，ボイラーが搭載され機関士が乗車する。炭水車には燃料と水が搭載されている。燃料は日本や英国・欧州では石炭が通例だが，初期の米国では薪が使われた。末期には世界的に重油が使われたこともある。(山口線津和野駅にて。)

場合，低温熱源は外気なので，こちらの都合では変更できない。だから効率を上げるには，高温熱源の温度を上げればよいことになる。つまり，発生した蒸気をさらに加熱すればよい。そこで，蒸気ドームから煙管内を1往復する管を通ってさらに加熱してから，シリンダーに蒸気を供給するしくみが，20世紀初頭に発明された。この管を過熱管といい，この方式の機関車を過熱式とよぶ。これに対して，過熱管を用いないものを飽和式とよぶ。

なお，蒸気機関車の分類として，タンク式とテンダー式とがあるが，ここま

〈図1.5〉タンク式蒸気機関車の例
C11型蒸気機関車。機関車本体に燃料と水を搭載する。ボイラー横の台形の箱と機関室後部が水タンクと石炭庫。タンク式はテンダー式より逆走が容易なため、短距離を往復する短編成列車用として使われることが多かった。C11も元々は、大都市圏の快速列車用として設計された。（提供：大井川鐵道株式会社）

でに述べたしくみに関していえば、違いはない。テンダー式機関車は、燃料や水などを炭水車（テンダー）とよばれる専用の車体に搭載したものである〈図1.4〉。大きな車体がつくれなかったためか、最初期の機関車はいずれもテンダー式であった。

　一方、タンク式機関車は、燃料や水など運転に必要なすべてのものがボイラーなどと同じ1つの車体に搭載されているもので、日本で最初に運転された蒸気機関車はタンク式である〈図1.5〉。

　蒸気機関車の発達に伴い、短距離運転用の機関車にはタンク式が、長距離運転用の機関車にはテンダー式が、と使い分けられるようになった。

転ばぬ先の杖
― 先輪があるわけ ―

線路は直線ばかりではない。曲線を通過するさいに，機関車はレールから横向きの力を受けて進行方向が変わる。それと同時に，作用・反作用の法則に従って，レールにも大きな力が加わっている。

先頭の軸重が大きいとレールに加わる力も大きくなり，線路を傷めたり，車輪に無理な力が加わったりする。これを回避するには，線路の曲がりに応じて機関車の車体全体を方向転換させ，動輪を曲線に沿って誘導すればよい〈図1.6〉。曲げのモーメントは回転中心からの距離と力の外積で決まるから，中心から離れたところなら比較的小さな力で方向転換のモーメントが得られる。これを生じるのに必要な程度まで，軸重を軽くすることもできる。このような車輪を動輪の前に置けばよいのである。これが先輪である。高速の旅客用機関

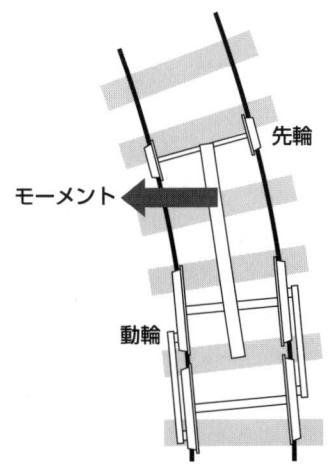

〈図1.6〉先輪による舵とり
最低限の軸重がかかった先輪によって，機関車全体を曲線方向に向けるモーメントを発生させ，より小さな力で動輪の方向を変える。

〈図1.7〉先輪がない蒸気機関車の例
4110型蒸気機関車。この機関車は5つの車軸が全て動軸であり，先輪も従輪もない。機関車の全重量が動軸の粘着力に寄与する点では効果的な軸配置だが，舵とり効果が期待できないため高速運転はできない。主として奥羽本線の福島－米沢にある板谷峠を越えるために使用された。
(提供：鉄道博物館)

車は2軸，比較的低速の貨物用機関車は1軸の先輪がつけられているのが世界的な標準だ〈図1.7〉。

　曲線通過の条件は，動軸数にも制限を加える。1つのピストンで駆動する動軸数を増やすためには，それらを連結棒でつないでおく必要がある。そのため，これらの動輪は直線に沿っている必要があり，レールの曲線とは食い違うことになる。車輪の踏面には厚みがあるのである程度の食い違いは吸収できるが，かなり厳しい限界がある。

　動輪の直径が大きいと同じ動軸数でも連結棒の全長が長くなるので，曲線通過が困難になる。このため，動輪の直径が大きいほど動軸の数は限られることになる。これと駆動力との兼ね合いから，日本の大型蒸気機関車は原則として，貨物用が駆動力の大きい4動軸のD型，旅客用が大動輪で高速走行に適した3動軸のC型と使い分けられていた。

抵抗制御式電車の しくみ

- 蒸気機関車のしくみ
- ● 抵抗制御式電車のしくみ
- 交流電化とVVVF電車
- 気動車のしくみ
- 鉄道車両の制動
- 鉄道車両の走行抵抗
- 曲線の線路
- 登りと下り―勾配を克服する
- 列車運行と信号
- 橋梁とトンネル
- 切符と自動改札のしくみ

オランダ国鉄Mat54型電車。かつてのオランダを代表する電車で吊り掛け式駆動。独特の先頭形状から、"犬の頭電車（Hondenkop）"の愛称で親しまれた。晩年は、側面が黄色に青の斜め線が3本入る塗装となり、国鉄185系電車の登場時の塗り分けに影響を与えたとも言われている。（ライデン駅にて。）

ドイツ生まれでアメリカ育ち
― 電気鉄道と電車 ―

　日本各地の電鉄会社の多くが電灯会社の1部門として発足したことからも想像できるように，電力の利用は照明としての利用から始まる。その電源として発明された発電機を博覧会で結線ミスした結果，偶然発明されたのが電動機，いわゆるモーターだとされている。これを鉄道に応用し，実現したのがジーメンスである〈図2.1〉。

　とはいえ，そこからすぐに鉄道の電化が進むわけではない。ほかでも多くみられるように，既存技術を超えたメリットが感じられなければ，新技術はなかなか普及しない。電気鉄道の利点が認識されるのは山岳地帯と都市内である。

　山岳地帯では，急勾配が問題である。蒸気機関は質量の割に出力が得られないので，勾配が苦手である。第1章でとり上げた粘着力の限界もある。急勾配を回避しようとトンネルを掘ると，換気の問題が生じる。日本で幹線鉄道の電化が碓氷峠や中央線から始まったのはこれが理由であり，スイスの鉄道電化率が昔から高いのも同じ理由であろう。

　都市内では蒸気機関が生じる煤煙が問題視される。熱機関は巨大なほど効率がよくなるので，小単位でも高頻度輸送が要求される都市内交通には向かない。機関車で長編成の列車を引くよりも，電車のほうが効率的である。こうして市内交通用としての電車がスプレーグによって実用化され，1887年に米国で営業が開始された。

　電車が日本に紹介されたのは，スプレーグ式鉄道が営業を開始したわずか3年後。上野の勧業博覧会で，それを見た企業家が京都で1895年に開業した。これが日本初の路面電車である。しかし海外と異なるのは，ほぼ同時期に電車を都市間輸送としても使ったことである。1905年には阪神間と京浜間の電鉄会社線が開業する。法規的には路面電車扱いだが，高頻度・高加減速により蒸気列車に対抗して成功を収めたのである。その前年には，中央線で汽車の線路に架線を敷設し，電車が走っている。

〈図2.1〉ジーメンスが演示用につくった世界初とされる電車（電気機関車）
車輪とブレーキを付けたモーター本体にまたがって運転するという感じ。
(© Deutsches Museum)

行きと帰りは別の道
— 架線からレールへ —

　電車に供給される電力は、頭上につり下げられた架線からパンタグラフを通して供給される〈図2.2〉。しかしよく見ると、パンタグラフに接している架線は1本しかない。規模が大きいとはいえ、これも電気回路であるから、電源とは閉回路をなしていなければならない。パンタグラフが複数ついている電車も多いが、同じ架線に接しているわけだから、これでは閉回路とはならない。

　じつはもう一方の電線には、レールを用いているのである。鉄は電気抵抗率が小さい金属とはいえないが、レールは電線としてはかなり太いため、電気抵

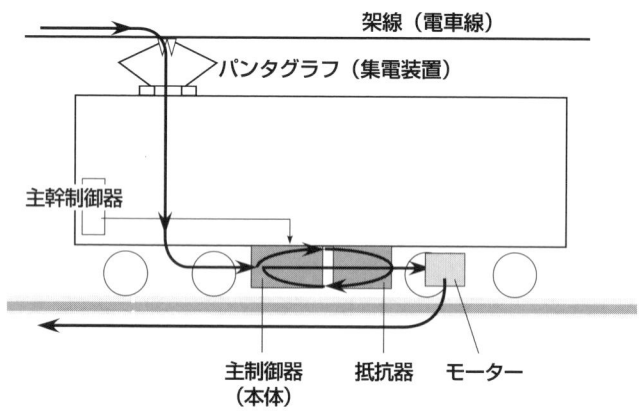

〈図2.2〉電車の基本構造
パンタグラフから取り込まれた電力をモーターで回転力に変え，歯車を介して車軸を回転させる。モーターの一方の電極は車体と直結され，レールを介して変電所へ戻る。架線電圧から，モーター1個に加える電圧を制御器（マスコン）による回路の切り換えによって変更し，必要な動力を得る。流れる電流は1両あたり数百A程度である。

抗値はそれほど問題とはならない[*1]。とはいえ，レールには継ぎ目があり，継ぎ目板でボルト締めされているといっても，数センチメートルの隙間が空いている。そこで，電車が走る路線では，継ぎ目板に加えて撚り線でつながれている。また，地面に接しているので，地電流として流れる電流もある。

かつては，この地電流がガス管や水道管に流れ，腐食の原因になるのではと危惧されたことがある。このため，初期の路面電車では架線を平行に2本張り，レールを電気回路の一部としない方式が採用されたことがある。

いずれにせよ，いまではパンタグラフから入った電流はモーターを流れた後，レールを通って電源に相当する鉄道専用の変電所へと戻っていくわけである。

＊1　p.26の脚注参照。

ゆっくりなほど力もち
― ローレンツ力と直流直巻モーターの特性 ―

電流には直流と交流とがある。路面電車やほとんどの私鉄，JR線の半分程度で使用されているのは直流である。これは，直流モーターが交通機関の動力源として適した特性をもっているからである。

モーターは磁場中の荷電粒子に加わるローレンツ力を利用して，電流から回転力を得る。模型用には永久磁石を使ったものが多いが，動力用モーターは電磁石によって磁場を発生させる。これを界磁とよび，そのなかで力を受ける回転部分を電機子とよぶ。両者のコイルを直列にしたモーターを直流直巻モーターといい，その特性は電磁気学の基礎から理解できる〈図2.3〉。モーターの電気抵抗が十分に低い場合で考えてみよう。

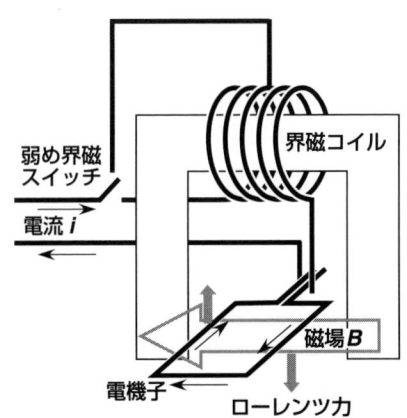

〈図2.3〉直流直巻モーターの基本構造
界磁コイルでつくられる磁場中で電機子に流れる電流が受けるローレンツ力が，回転力の起源である。界磁コイルと電機子とが直列に接続されているため，両者を流れる電流はつねに同じである。界磁コイルの一部をスキップする弱め界磁が使用可能となっているものも多い。

ローレンツ力は電流iと磁場Bの積に比例し，磁場Bは界磁コイルを流れる電流iに比例する．界磁コイルと電機子とは直列なので流れる電流は同じ．したがって，ローレンツ力は電流の2乗に比例し，これがモーターのトルクTとなる．

$$T = n\,i^2, \quad n\text{は定数} \tag{2.1}$$

ここでnは，モーターの構造やコイルの巻数によって決まる定数である．

トルクTと回転速度ωの積が回転力のする仕事率であり，エネルギー保存則から，これは消費電力と等しい．したがって，モーターに加える電圧をVとすると

$$\omega T = Vi \tag{2.2}$$

これに式(2.1)を代入すれば，

$$n\omega i = V,$$
$$\text{あるいは} \quad \omega\sqrt{nT} = V \tag{2.3}$$

が得られる．

したがって，直流直巻モーターは一定の電圧を加えると次第に回転速度が増し，機械抵抗などで生じる負荷トルクとつり合うまで回転速度が自動的に上昇する．これは交通機関の動力として好適である．モーターと車軸の接続機構は一定でよく，電車の速度とモーターの回転速度とは比例している．

直列で過大電流に抵抗せよ
― 直並列制御と抵抗制御と弱め界磁 ―

とはいえ，最初から最終速度に応じた高い電圧をかけるわけにはいかない．電気回線に流せる電流には，実用上の限界があるからである．そこで電圧を変えるわけだが，直流なので変圧器を用いることはできない．

ほとんどの電車には車軸が4本あり，それぞれにモーターがとりつけられている．つまり，1両に4個のモーターがある．その対称な接続方法は，「すべて

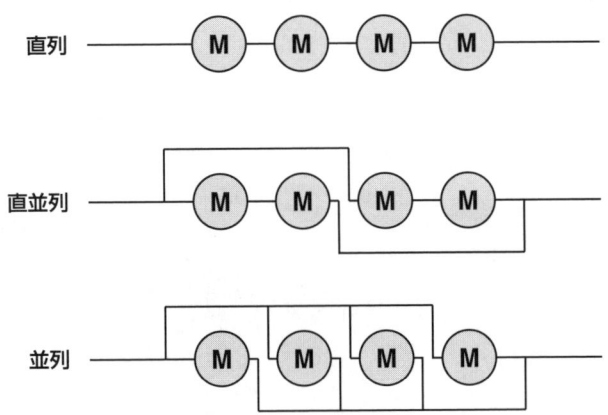

〈図2.4〉4個のモーターのつなぎ方
実際には回路構成を簡単にするために，いくつかの組み合わせは使用しない場合もある。

を直列」，「2個を直列にした2組を並列」，「すべてを並列」という3通りがあり，これを直列，直並列，並列と略称する〈図2.4〉。これによって，モーターに加える電圧を電源電圧の1/4，1/2，1倍と変更することができる。

しかし，これでも起動時には電流が過大となる。とくに回転開始時には$\omega = 0$となり，原理的には電流量が無限大になってしまう。

モーターの回路に直列に抵抗器を入れたらどうだろう。この場合，式(2.2)は

$$\omega T + i^2 R = Vi \qquad (2.4)$$

となり，

$$(n\omega + R)i = V \qquad (2.5)$$

が得られる。ωが上がるにつれて，Rを段階的に減らすことで，過大電流を回避して電車を加速することができる〈図2.5〉。

妥当な電流で強いトルクを得るためには，係数nを大きくすればよい。しか

〈図2.5〉京王電鉄デハ6400形の床下に搭載されている主抵抗器
回路の組み替えで，ここを通す電流量が変わり，モーターに加わる電圧が制御される。かなりのエネルギーが熱となり，周囲の空気で冷やされる。冷却用の送風機が設置された主抵抗器もある。(東府中駅にて。)

し式(2.3)から，n が大きいと，同じ V で同じ T となる ω は小さくなってしまう。そこで，界磁コイルの一部を使わないような回路を組めば，実効的に n を減らすことができ，同一トルクに対応する回転速度を高くすることができる。これを弱め界磁とよぶ。

　これらの切り換え設定のひとつひとつをノッチとよぶ。電車の加速は，回路電流が減ったらノッチを1つずつ進めることで実現される。1つのノッチ内では，回転速度が上がるにつれて電流が下がってトルクが落ち，列車の加速度も下がる。そこで多数のノッチを用意し，電流が一定値を下回ったらノッチを進めると，列車はつねに最大に近い加速を続けることができる。これは比較的簡単な装置で実現でき，自動進段とよばれる〈図2.6〉。

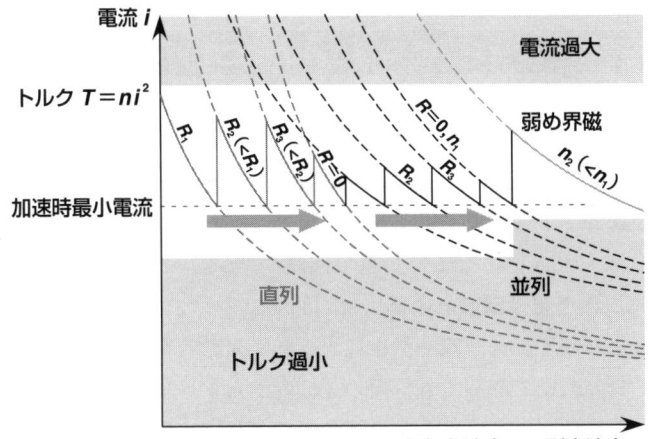

〈図2.6〉直流直巻モーターの特性
横軸の回転角速度ωは列車速度vに比例する。縦軸の電流iの2乗が，列車の加速をもたらすモーターのトルクTに比例し，その係数がnである。この場合，基礎方程式は$(n\omega+R)i=V$で与えられる。複数のモーターの直列・並列の接続を変えると，全体の印加電圧Vが同じでも，モーター1個に加わる電圧が変わる。また，一定電圧に対するiとωとの関係は，電気抵抗Rと弱め界磁による係数nを変えることで変更できる。これらを組み合わせて，実線で示したように，限られた電流量の範囲内で広い速度範囲に対応する。Rの刻みを無数に増やすことで，のこぎり状の特性を実質的に電流一定の線にすることも可能であり，国鉄の103系や113系などの新性能電車はそのようにしている。なお，弱め界磁にすると，同一電流でも得られるトルクは減少するため，縦軸が電流の図では過小トルク範囲が拡大する。

　鉄道の機械抵抗は自動車よりはずっと小さいため，加速動力を切っても，かなりの時間走り続ける。そのため，実際の電車の運転では，強いトルクでぐいぐいと加速し，必要な速度に達したらモーターへの電流を切って，後は慣性で走り続けるのが通例である。

仲間といっしょにすべらない話
― 総括制御と再粘着性能 ―

このように，電車の動力調整は電気回路の接続替えで実行される。初期の電車では，モーターの電気回路を運転台で直接切り換えていた。これを直接制御とよぶ。直接制御では大電流高電圧を扱うため，装置が大型になり操作しにくく，運転士の危険も大きい。そこで，電気回路や空気圧で遠隔操作する方法が採用された。これを間接制御とよぶ。

間接制御ならば，制御回線を引き通すことで複数の電車を同期して動かすことができ，長い編成であっても先頭の運転台からすべての電車を操ることができる。これを総括制御という。総括制御ができれば，比較的小出力のモーターを各車に搭載して列車の加速能力を上げられる。編成両数に応じて動軸数を増やすことができるので，1軸で負担すべき駆動力は機関車の場合よりも小さくてすみ，軸重もあまり大きくする必要がない。

電車は機関車牽引列車に比べて軽い軸重でも大きな加速を得ることができる。日本は軟弱地盤が多く，また地形が複雑なため橋梁も多くて，軸重の制限が厳しい。また，軸重が軽ければ線路への負担も少ないため，曲線通過速度の向上が可能となる。曲線から直線に移るさいの加速度も大きいので，曲線が多ければ列車の実効速度を上げることもできる。この点が重視され，日本では1960年代以降，機関車列車が続々と置き換えられ，短期間で列車速度を大幅に向上することができた。この成功を受け，いまや長距離列車のほとんどが電車列車（あるいは気動車列車）となっている。

さらに，直流直巻モーターの特性も空転防止に味方する。車輪が空転すると，モーターの回転速度は急増する。このとき，式(2.3)に示されるように，一定電圧ではトルクTが下がるので，これが粘着限界以下になったところで空転は自動的に収まる。これを再粘着特性といい，その程度を再粘着性能という。

ただし，モーターが直列になっていると再粘着特性は劣化する。同型モーター2個直列の場合，電流は共通で印加電圧は個々のモーターへの印加電圧の和となるから，式(2.3)は

$$n(\omega_1+\omega_2)i = V \qquad (2.6)$$

となる。この場合，一方のモーターだけが空転してωが増した場合のiの減少度は式(2.3)の場合より小さく，式(2.1)を思い出せばトルクの減少率も小さい。こうして，直列のモーター数が増えるほど再粘着性能は低下する。

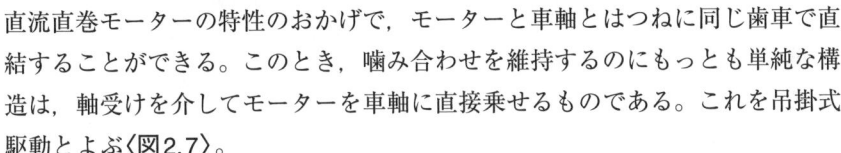

直流直巻モーターの特性のおかげで，モーターと車軸とはつねに同じ歯車で直結することができる。このとき，噛み合わせを維持するのにもっとも単純な構造は，軸受けを介してモーターを車軸に直接乗せるものである。これを吊掛式駆動とよぶ〈図2.7〉。

　線路は直線ばかりではないし，屋外構造物なので設置精度にはおのずと限界がある。これに対して，列車の各部は慣性の法則に従って等速直線運動を続けようとする。この違いが衝撃力を生み，乗り心地の劣化や線路の破壊をもたらす。

　線路と車体とが剛体的に接触していれば，この衝撃力は線路と車体の両方に直接加わることになるが，ばねなどを用いた柔構造としていれば，そこで吸収することができる。同じ柔構造を採用している場合には，ばねより線路側の部分の質量がどの程度なのかが重要となる。この質量をばね下重量とよぶ。ばね下重量が小さいほど，乗り心地が向上し，線路の破壊も小さくてすむ。

　鉄道車両では車軸と車輪とは一体となって線路と接しているので，その質量はすべてばね下重量となる。

　吊掛式ではモーターの重量の一部が車軸に直接加わるため，これもばね下重量となる。そのため，モーターを頑丈につくる必要があるし，列車が高速になると線路を傷めやすい。

　これを回避するためには，モーターをばねなどで支持し，ばね下重量を減らせばよい。そのためには，モーターの回転力を車軸に伝える機構も柔構造としなければならない。モーターの回転力を伝える軸に自在継ぎ手や金属のたわみ

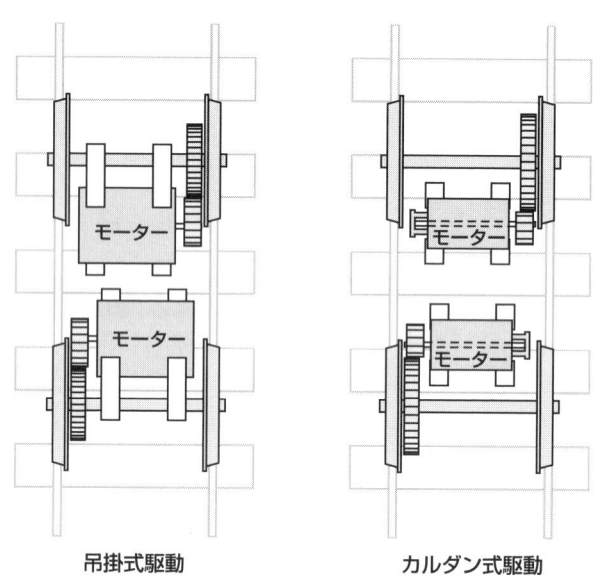

吊掛式駆動　　　　　　カルダン式駆動

〈図2.7〉吊掛式とカルダン式の違い

吊掛式（左）は歯車の噛み合わせを確保するため，モーターは軸受けを介して車軸に固定されている。カルダン式（右）ではモーターは台車に固定され，車軸とは変位する。角度や変位があっても回転力が伝わる継ぎ手を利用することで，このずれを克服する。継ぎ手の種類や配置により，さまざまな変形がある。図示したのは，モーター軸を中空にして，そのたわみでずれを吸収する中空軸平行カルダン式で，日本では1960年代以降広く用いられた方式。

を利用した長い軸を置くことで，これを実現したのがカルダン式駆動である。欧米では路面電車を皮切りに1910年代から実用化され，日本では1950年代に実用化された。日本の国鉄では101系に始まる新性能電車がカルダン式駆動で，現在の電車はほとんどすべてカルダン式である。

交流電化と
VVVF電車

- 蒸気機関車のしくみ
- 抵抗制御式電車のしくみ
- **交流電化とVVVF電車**
- 気動車のしくみ
- 鉄道車両の制動
- 鉄道車両の走行抵抗
- 曲線の線路
- 登りと下り─勾配を克服する
- 列車運行と信号
- 橋梁とトンネル
- 切符と自動改札のしくみ

京王電鉄9000系電車。同線では8000系に続きVVVF駆動となった系列。同社京王線の最新系列にあたり，特急から各駅停車まですべての種別に使われている。無塗装ステンレス車体にシングルアームパンタグラフは，現代日本を代表する電車の姿といえよう。(多摩川橋梁にて。)

ドイツ生まれでフランス育ち
— 電気抵抗と交流電化 —

　直流直巻モーターは鉄道用動力としては好適な特性をもつため，初期の鉄道電化は直流で行われた．しかし，電気抵抗や直並列切り換えでの変圧には限界がある．日本では，架線電圧は路面電車で 600 V，一部の地下鉄で 750 V，JR や主要な鉄道は 1500 V であり，海外でも 3000 V までしか使用されていない．

　銅の電気抵抗率は 0 ℃で 1.55×10^{-8} Ω m と小さいが，日本でよく使われている架線の太さは直径 1.5 cm ほどなので，1 km で 0.1 Ω 程度にもなる．ここに数百〜1000 A の電流が通れば，電圧降下は 90 V 近くに達し，無視できなくなる．これを補うために饋電線とよばれる，より太い電線が平行して敷設され，典型的には 250 m 間隔で架線に電力供給しているが，それでも何百 km も続く鉄道路線では多数の変電所を設置しなければならない[*1]．

　これを回避するには，架線電流を高電圧の交流にし，車載の変圧器で降圧すればよい．しかし，問題はモーターである．

　界磁コイルと電機子コイルの極性が同時に反転すれば，直流直巻モーターに交流を流しても動作するはずで，これを交流整流子モーターとよぶ．しかし，実際にはコイルのインダクタンスで位相差が生じるため，直流モーターと同じようには動作しない．

　周波数が低ければ，この難点は軽減できる．そこで 1910 年代のドイツでは，50 Hz を 3 分周した 16 2/3 Hz での交流電化が開発され，いまでもドイツのほかスイスや北欧などでは使用されている．しかし，周波数が低いために変圧器などの効率が低く，また商業電力からは周波数変換が必要で面倒である．そこで，1920 年代には 50 Hz による鉄道電化の開発がハンガリーやドイツで始まり，戦後その試験線を接収したフランスで実用化された．

[*1] 鋼鉄の電気抵抗率は $10 \sim 20 \times 10^{-8}$ Ω m と大きいが，線密度 50 kg/m，すなわち断面積 64 cm^2 程度のレールが 2 本使われているため，1 km あたりで $0.001 \sim 0.002$ Ω となり，架線より 2 桁小さい．このため，帰線となるレールの電気抵抗は無視してもよい．

日本ではフランスの技術を参考に，1950年代に仙山線で実用試験を行った。交流整流子モーターを搭載したED44型（後にED90型）電気機関車，整流器と直流直巻モーターを搭載したED45型（後にED91型）電気機関車を試作したが，交流整流子モーターは保守と低速時トルクに難点があることが判明し，整流器式がその後の鉄道交流電化の基礎となった。

　こうして，日本では在来線は20 kV，新幹線は国際標準の25 kVを架線電圧とした50 Hzおよび60 Hzの交流電化が進んだ。すべての新幹線，北海道・東北・北陸・九州の在来線が交流電化である。交流電化では変電所間隔を直流電化の10倍程度にすることができ，地上設備の経費を削減できる。また，新幹線のような高速鉄道だと消費電力が莫大になるので，架線やパンタグラフの許容最大電流を考えると，直流電化では実現できなかったといわれている[*2]。

電磁誘導と電子陽子の非対称
― 変圧器と整流器の作用 ―

　コイルに交流を流すと電磁石の極性が周期的に変化する。そこで，生じた磁場が貫くようなコイルをもう1つ用意すれば，そこには誘導起電力が生じる。これが変圧器の原理である。

　外部から電力を供給する側を1次コイル，外部へ電力を取り出す側を2次コイルとよぶ。変動磁場があると，どちらのコイルにも誘導起電力が生じる。1次コイルではこれに対抗して電流を流す必要があるので，これが入力電圧となり，2次コイルでは出力電圧となる。同じ割合でコイルと磁場が結合していれば，同じ変動磁場をコイルの巻数だけ重複して受けるので，誘導起電力は巻数に比例する。したがって，変圧器を用いれば，1次コイルと2次コイルの巻数比に比例した電圧に変換できる。損失がない変圧器ならば，エネルギー保存則から入出力の電力は等しいので，電流比は巻数比の逆数となる。コイルの途中で磁場結合から抜け出す線を用意しておけば，1つの変圧器から異なった電圧

＊2　イタリアやベルギーの高速新線は直流3000 V電化である。

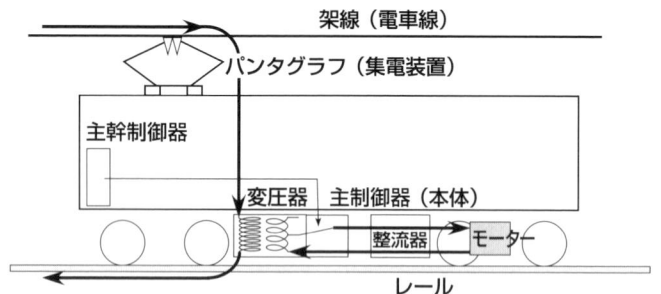

〈図3.1〉タップ切換方式の交流電車の構造
変圧器で降圧した電流を整流し，それで直流直巻モーターを駆動する。タップのつなぎ換えによって電圧を調整できるので，電圧調整用の抵抗器が不要となりエネルギーのむだが少ない。後には半導体を利用して交流の位相に応じた高速スイッチングを行うことで整流後の平均出力電圧を変えるという，サイリスター位相制御も実用化された。

を得る端子とすることができる。これをタップという。

　交流電車や電気機関車では，タップを切り換えることで，電気抵抗を用いずに直流モーターに加える電圧を変えることができる。列車を加速させるためのノッチは，これを利用すればよい。抵抗制御が不要となるため，エネルギー効率が上がるばかりでなく，直並列制御も不要となり，モーターは並列接続で固定できるので，再粘着性能も劣化しないことになる。ED75型電気機関車や新幹線0系電車などがこの方式である〈図3.1〉。

　降圧した交流を直流に整流するためには，電荷に対して非対称な素子を利用する必要がある。陽子に比べて電子のほうが電荷あたりの質量が1800分の1しかないことがポイントである。このため，実質的には，電流は電子の流れだけを考えればよい。

　初期の交流電気機関車では，水銀整流器とよばれる真空管が用いられた。真空管は，金属電極に電場を加えると表面から真空中に電子が放出される現象を利用した電子部品である。電極の材質を非対称にすることで，一方の電極だけから電子が放出されるようにすれば，電子の流れが規定され，それに対応した

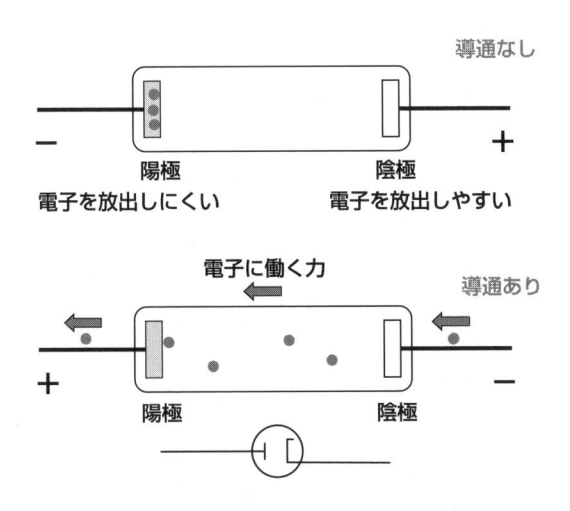

導通なし
陽極　　　　　　陰極
電子を放出しにくい　電子を放出しやすい

電子に働く力
導通あり
陽極　　　　　　陰極

〈図3.2〉真空管による整流の原理

方向の電流しか流れない．応答が十分に速ければ，これが交流の整流に利用できるわけだ〈図3.2〉．

　同じ効果は半導体を利用しても実現できる．シリコン結晶に微量のヒ素やホウ素などを混ぜると，これが組み込まれた結晶ができる．シリコンはIV族なので，不純物がV族なら価電子が1個余り，III族なら1個不足する．前者をn型，後者をp型半導体とよぶ．p型半導体では，電子が不足した箇所に順送りに電子が移動することで，不足箇所が移動する．これを正孔とよび，陽電荷をもつ電子のような粒子として挙動を記述することができる．
　結晶は周期構造をもつので，量子力学を考慮すると，エネルギー準位がバンド構造をもつことがわかる．こうして，平衡状態より少し高いエネルギー準位としてバンド状に存在する"伝導帯"を，電子や正孔が移動できる．n型とp型の半導体を結晶構造の連続性を崩さずに接合すると，境界面では電子と正孔とが対消滅することが可能となる．n型に対してp型に正の電圧をかけると，その電場によって，n型半導体中の電子もp型半導体中の正孔も接合面に移動するため，対消滅が継続し電流が流れる．しかし，逆電圧をかけると電子と正孔

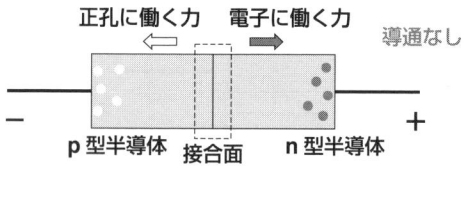

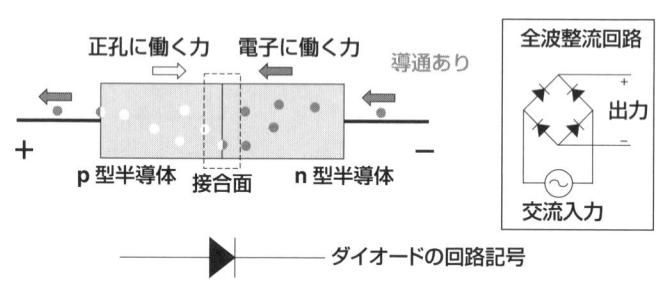

〈図3.3〉半導体整流器の原理

n形とp形とを結晶構造を損なわずに接合すると，接合面で電子と正孔とが出会って対消滅するような電圧のときにだけ電流が流れる。この半導体素子をダイオードとよぶ。その回路記号は，電流が通じる方向を示す三角と，その逆向きには電流を通さないという縦棒を組み合わせたものである。これらの整流器1個だけでは交流の半分の電力しか利用できない（半波整流）ので，実際には4個組み合わせて双方向とも利用できるようにした（全波整流）うえで，巨大なコイルである平滑リアクトルなどで高周波成分をカットしている。

はともに電極側に移動してしまい，対消滅は継続せず電流は流れない。この応答速度も十分に速いので，交流の整流に利用できる〈図3.3〉。

　真空管は体積も要し，振動に弱いので，半導体で大電流が扱えるようになると，車載整流器はシリコン整流器に移行した。日本では，ED74以降の交流電気機関車と，交流および交直両用電車は，基本的にシリコン整流器を搭載している。

　半導体技術が進むと，ヒステリシスをもつ素子もつくられるようになる。その1つがサイリスターだ。これはpnpnと接合した半導体だが，ゲート端子と

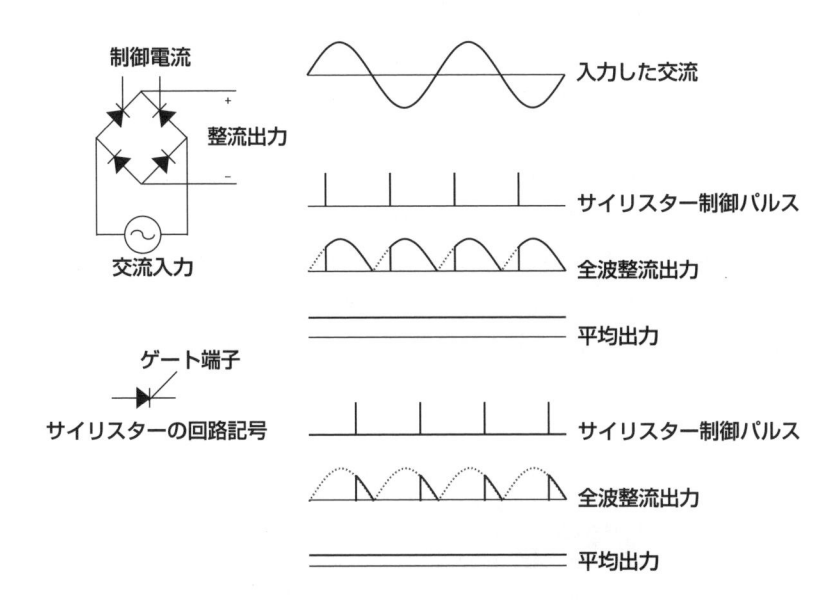

〈図3.4〉サイリスター位相制御の原理
ゲート電流が流れた時点以降，電圧がゼロになるまでの間だけ導通するというサイリスターの特徴を用いると，交流の半周期ごとにゲート電流をパルス状に流すことで，ある時間割合だけ導通がない整流器をつくることができる。これを高周波カットフィルターで平滑化すれば，整流された出力をゲート電流のタイミングで連続的に変化させることができる。

よばれる中間のpまたはnに接続した端子に一度でも一定値以上の電流が流れると導通が生じ，導通電流がゼロになるまで通電し続けるダイオードという特性をもつ。半導体整流器をサイリスターで組み，ゲート電流を交流の周期の半分の周期ごとにパルス的に加えると，交流波形の一定の位相から0Vになるまでの間だけ整流が起こる回路となる。そのため，出力電圧を平均化して直流とすれば，タップ切り換えを用いなくても，ゲート電流のタイミングの制御で出力電圧を連続的に制御できる。これをサイリスター位相制御といい，日本では国鉄711系電車などで採用された〈図3.4〉。

ところで，日本では関東・東海・関西のいずれの地域でも，大都市近郊はすでに直流電化されていた。このため，長距離列車を走らせるには交直両方の電化区間を直通する必要があった。機関車ならば境界駅で交換できるが，電車ではそうはいかない。このため，交直両用電車が開発されることになった。

スペースにも重量にも制限があるため，交直両用電車に両方の電気方式の機器を完全に1セットずつ搭載するのは無理があり，共通部分以外はなるべく省略したほうがよい。このため，交直両用電車ではタップ切り換えは利用されず，固定電圧で整流した後は直流電車と同じ方式となった。このため経費的にも重量的にもむだの多い車両となり，列車数が多くなると，地上設備の経費減が活かされなくなってきた。近年の電化区間が再び直流となっているのは，このためでもある。

磁場の波に乗れ
― VVVF電車とリニアモーター ―

交流は向きが周期的に変わる電気といわれるが，電流と電圧が波動として伝わる電気だと考えるべきである。これをうまく利用すると，交流ならではのモーターをつくることができる。

導線で閉ループをつくり，内部の狭い領域に磁束が通った状況を考えよう。磁束が移動してループから出ようとすると，誘導起電力によってループに電流が流れる。この電流と磁束がつくるローレンツ力は，磁束が出ていこうとする向きと一致する。つまり，ループは磁束の移動に追従する方向に力を受ける。磁束をコイルで発生させ，多数のコイルに順次電流を通せば，固定したコイル群で移動する磁束をつくることができる〈図3.5〉。

多数の閉ループをはしご状に結合し周期構造とすれば，周期的な磁場で磁束を波として移動させ，全体としての力を強めることもできる。これをループ側を中心に丸めて円形にすれば回転モーターになる。このとき，ループ側を回転子，励磁コイル側を固定子とよぶ。固定子に回転磁場が生じるような交流を流せば，回転子には電線をつながなくても回転磁場に追従する力が働く。これが誘導モーターの原理である。

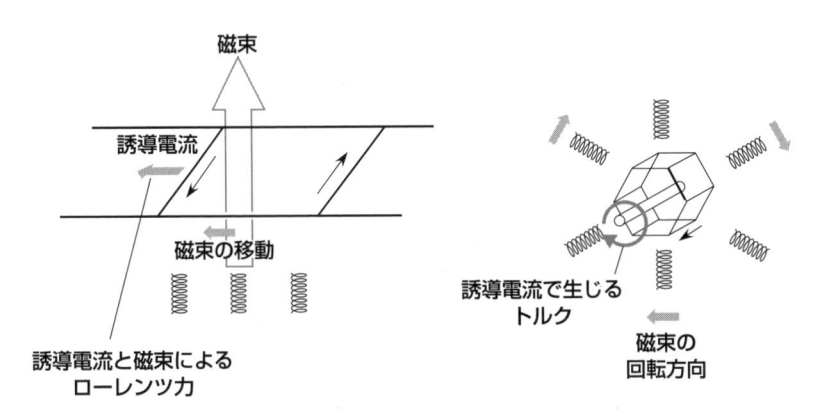

〈図3.5〉誘導モーターの原理
導線の閉ループ内を通る磁束を移動させると，それによってループに誘導電流が流れる。磁場に対するループの相対運動を考えれば，その方向は図のようになる。この誘導電流と元の磁場が生じるローレンツ力は，磁束が移動する方向につねに一致し，ループは磁場のパターンを追いかけることになる。磁束の移動をコイルに交流を通すことで電気的に生じさせれば，それによってループに移動させる力を発生させることができる（左）。ループを円筒形に丸めたかごとし，移動磁場をつくるコイルも軸対称に配置したものが交流誘導モーター（右）である。かごの回転が磁場の回転に同期すると誘導電流はゼロになるので，このときにはトルクはゼロとなる。

　とくに，固定子を3つ組のコイルで構成し，それに位相が120°ずつずれた交流，すなわち3相交流を流せば，回転方向も規定され円滑な回転が得られる。
　直流モーターは回転部分である電機子に電流を通す必要があり，機械的な接触部である整流子がある。接触部があるので定期的な保守が必要だが，誘導モーターならこれが不要となり，保守を簡素化できる。
　誘導モーターでは，回転数を決める最大の要因は交流の周波数となり，回転数とトルクの関係も直流直巻モーターとはかなり異なる。このため，誘導モーターを鉄道の動力として利用するには，周波数と電圧を意図的に制御することが必要であった。
　これは大電流を扱える半導体で発振器を構成することができるようになっ

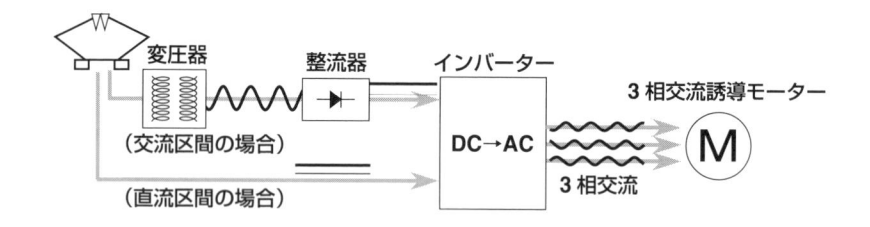

⟨図3.6⟩ 標準的なVVVF電車の基本構造
架線からとり込んだ電流をそのまま，あるいは降圧して整流して得た直流からインバーターによって妥当な周波数と電圧の3相交流を発生させ，それで誘導モーターを回す。インバーターは，きわめて短い周期で電圧反転およびオン・オフ時間調整を行うことのできる半導体素子で構成されている。モーターなどの応答時間が素子の切り換え周期よりずっと長いことを利用して，オンになっている時間の割合を変えることで実効的に電圧を変化させる(PWM，パルス幅変調)。

て，ようやく実現した。この発振器をインバーターとよぶ。この方法で誘導モーターの回転数とトルクを制御する方法を，家電製品ではインバーター制御とよぶが，鉄道車両では可変電圧可変周波数(variable voltage variable frequency)の英語の頭文字をとってVVVFとよぶ⟨図3.6⟩[*3]。

VVVFなら，発振器に供給する電力は直流でも交流でもかまわない。このため，近年日本で製造される電車は電化方式によらずほとんどがVVVFである⟨図3.7⟩。初期のVVVF電車は，発振器の共振周波数が人間の可聴周波数であったため，連続的に音程が変わる独特の音を発していた。その不快感を緩和するため周波数をわざと音楽の音程と一致させたのがジーメンス社製インバーターで，日本ではJR東日本のE501系電車と京浜急行電鉄で採用されている。

一方，誘導モーターを丸めずに直線状のままにすれば，移動磁場にしたがって直線的に駆動するモーターができる。これがリニアモーターである。

＊3　VVVFの略称は和製英語である。

〈図3.7〉京王電鉄デハ9050型の床下に搭載されているインバーター装置
電車の床下には，さまざまな機器が取り付けられている。多くの機器には，保守整備のために名称が書かれているので，部外者でもそれを手がかりにどんな装置なのか知ることができる。（聖蹟桜ヶ丘駅にて。）

　励磁コイルを地上側に多数設置すれば，車両に電力を供給しなくても列車を駆動することができる。高速走行する列車への電力供給には問題点が多いため，時速500 kmを超える超高速鉄道向きである。JR東海が建設を決定した中央リニア新幹線は，これを駆動力としている〈図3.8〉。
　励磁コイルを車上側に設置すると，精密に設置する必要があるコイルを集中搭載できる。誘導モーターではループの大きさは動作原理と無関係なので，導体の板でもループの代わりになる。この方式は大阪市営地下鉄長堀鶴見緑地線や都営地下鉄大江戸線などで使われており，線路中央部の鉄板に誘導電流が流れる。リニアモーターは回転部分がないため幾何学的な厚さを薄くでき，トンネル断面を小さくできることが，これらの線で採用された理由である〈図3.9〉。
　リニアモーターは列車の駆動を電磁気力で直接生じさせるため，車輪とレー

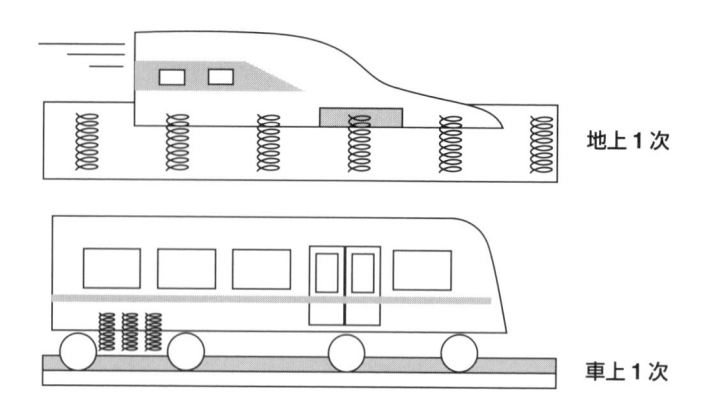

〈図3.8〉リニアモーターの2つの搭載方法
励磁コイルを地上側に並べる地上1次型だと，線路の建設費は増大するが，列車に大電力を供給する必要がなく，超高速鉄道に向いている。励磁コイルを車上に設置する車上1次型だと，床下スペースを縮小することが可能で，車体断面を小さくすることができ，トンネル断面積が建設費に影響する地下鉄に向いている。

〈図3.9〉都営地下鉄大江戸線の線路
中央部にある幅広の鉄板に誘導電流が流れ，それとの電磁相互作用で駆動するリニアモーターで走っている。（新宿駅にて。）

ルの粘着力限界を気にする必要がない。このため，在来型の電車よりもずっと勾配に強い。このため，中央リニア新幹線では南アルプス越えルートでも建設可能となっているし，地下鉄では従来以上に急勾配が設定でき，線路建設費をさらに削減できるというメリットもある。

切っても切れない架線の接続
― デッドセクション ―

直流区間と交流区間とが隣接している場合，その間で列車を直通させるにはどうしたらよいのだろうか。初期には，間に非電化区間をおく方式（間接接続方式，北陸線の米原―田村の間）や駅構内に交直切り換えが可能な区間をつくり停車中に切り換える方式（地上切り換え方式，東北線の黒磯）がつくられたが，直通運転には不便だった。現在は，黒磯駅に地上切り換え方式の設備が残っているほかは，すべて1本の線路上で2つの電化区間が隣接するようになっている。

　この場合，双方の架線は電気的に絶縁され，間に電力を供給しない区間が生じる。これを無電区間（デッドセクション）とよぶ。交直両用電車は無電区間を通過しながら，次の電化方式に合わせて車載回路の組み替えをする（車上切り換え方式）。

　無電区間に突入する前にモーターへの電源回路全体を切り，回路を次の電化区間用に切り換えておく。列車は惰性で無電区間を通過し，新たな電化区間に突入次第，電源回路を再投入するのである。日本の交直両用電車はこの再投入が自動化されており，無電区間を通過した車両（厳密には電動車ユニット）から順次，電源が投入される。485系など国鉄時代の電車では，交直切り換え時に車内サービス用の主電源も切れてしまうため，無電区間通過時には車内灯が消えていた。常磐線の取手―藤代の間などの無電区間通過時に，そんな経験をした人も多いだろう。

　じつは，交流区間の途中にも無電区間が存在する。周波数が異なる場合はもちろん，それが同じでも位相差があるからである。一般に，異なる配電系統から供給される交流には位相差があり，その間には交流電圧が加わる。

しかし，新幹線では惰性で走行する余裕がほとんどないので，無電区間は最小限にしたい。そこで，2つの給電区間の間に，前後に切り換え可能な区間(中セクション)を設け，列車走行中にその位置に合わせて自動的に接続を切り換える方式が使われている。このため空間的な無電区間はないが，中セクションの接続を切り換える約0.1秒間が無電区間にいる状態となり，大電力を消費する空調機などが一瞬停止する。注意深い人なら，空調音の違いに気づくだろう。

また，直流区間でも600 V区間と1500 V区間の境目には当然，無電区間がある。同電圧どうしであっても，鉄道会社が異なる場合など，給電系の違いから電圧差が生じる可能性を恐れて，無電区間を設けていることも多い。

途中下車 3相交流 [three phase electricity]

周波数が同じで位相が異なる3つの交流電圧が加わった電気回路を流れる電気のこと。とくに，電圧が等しく位相が120°ずつ異なるものは対称3相交流とよばれ，たんに3相交流といえば，これをさすことが多い。3組の平行電線に対称3相交流を流し，各組から選んだ3本の電線を1本の共通線にすると，該当する電線の電位はつねに0となり，実際には不要となる。したがって，3本1組とすることで2本1組の3倍の電力を送ることができる。また，3組のコイルに対称3相交流を流せば回転磁場が容易に得られる。これらの利点から送電用・動力用に多用される。対称3相交流が流れる3本の電線では，どの2本間の電圧も対称3相交流となる。そこで，電位がつねに0となる点ができるような結線をY結線，実在する電線間で接続したものをΔ結線とよぶ。両者は結線の違いだけで互いに変換できる。

4
気動車のしくみ

- 蒸気機関車のしくみ
- 抵抗制御式電車のしくみ
- 交流電化と VVVF 電車
- **気動車のしくみ**
- 鉄道車両の制動
- 鉄道車両の走行抵抗
- 曲線の線路
- 登りと下り―勾配を克服する
- 列車運行と信号
- 橋梁とトンネル
- 切符と自動改札のしくみ

国鉄キハ181系気動車。第2世代の特急型気動車であり，先代のキハ80系に比べて馬力を上げたエンジンが搭載されている。中央本線の「しなの」でデビューし，「やくも」，「南風」などにも使われた。2010年中にはJR西日本の特急「はまかぜ」を最後に引退する。(佐久間レールパークにて。)

内に秘めたる燃えるもの
― レシプロ内燃機関の原理 ―

　蒸気機関車ではボイラーで発生した蒸気をシリンダー（気筒ともいう）に供給・排気することで熱エネルギーを運動エネルギーへと変換する。ニューコメンの大気圧機関では，水蒸気の冷却をシリンダー本体の冷却によって実現していたが，蒸気の冷却をシリンダー外部で行い，蒸気のみを冷却することでシステムの熱効率を大幅に改善したのがワットの蒸気機関である。さらに，膨張後の水蒸気を循環せずに外部に排気してしまうのが蒸気機関車だという見方もできる。このように，作業気体をシリンダー外部で加熱する熱機関を外燃機関とよぶ。

　では，燃料をシリンダー内部で燃焼させ，作業気体の加熱自体をシリンダー内で行ったらどうだろうか？　この考えを実現したのが内燃機関（厳密にはレシプロ内燃機関）である。燃焼ガス自体が作業気体になるので，熱源から作業気体への熱伝達にともなうロスがなくなるのが内燃機関の原理的な利点である。

　シリンダー内に満たす可燃性気体が最初から気体のものをガス機関，ガソリン蒸気を用いて電気火花で着火するものをガソリン機関，断熱圧縮で加熱した空気に燃料を噴霧することで燃焼させるものをディーゼル機関とよぶ。

　ガス機関はもっとも早く実用化した内燃機関で，オットーによるもの〈図4.1〉が有名だが，燃料の収容容積が大きくなるのが欠点である。戦中・戦後の石油系燃料が逼迫していた時代には，日本の鉄道車両でも一部地域で天然ガスを用いた内燃機関が使用された。しかし，搭載容積が限られる陸上交通機関では長く利用されることはなかった。

　そこで，気体燃料の代わりに液体燃料の気化ガスを使用するように改善したのがガソリン機関である。開発前までは，可燃性が高く危険なガソリンは原油から灯油を精製したあとの廃棄物としてもてあまされていた。しかし，ダイムラーによるガソリン機関の普及により，ガソリンを得るために原油を確保するという逆転が起こり，20世紀の石油エネルギー全盛時代を迎えることになる。

　内燃機関は外燃機関に比べて，小型でも熱効率が比較的高いものが製造できるため，実用化されると鉄道でも地方ローカル線など輸送単位が小さい路線で

〈図4.1〉オットーのガス機関
(© Deutsches Museum)

注目された。それまでにも，蒸気動車とよばれる小型蒸気機関車と客車を合体させた車両が開発されたが，燃費の向上にはほとんど役立たなかったこともあり，内燃機関に対する期待は大きかった。

　鉄道車両でも内燃機関はガソリン機関の利用から始まる。沸点が低く気化しやすいうえに引火点も低いガソリンは，シリンダー内で電気火花を用いて簡単に点火できるため，比較的初期から小型軽量のエンジンが製造できた。日本の国鉄では戦前の段階でキハニ5000やキハニ36450などの試作から始まり，キハ41000，キハ42000などが地方ローカル線で活躍した。いずれも気動車に分類されるが，ガソリン動車やガソリンカーとよばれることが多い。地方私鉄ではガソリン機関車も使用されていた。

　ディーゼル機関は断熱圧縮で得た高温の空気を用いるので，ガソリンより引

火点が高い燃料を利用できる。現在実用化されているディーゼル機関には軽油から重油まで、さまざまな石油燃料を用いるものがあり、鉄道車両用では軽油を燃料とするものが用いられている。

ディーゼル機関を走行用動力源とした鉄道車両がディーゼル機関車や気動車である。比較的大型のディーゼル機関を搭載し蒸気機関車の代わりに用いるようにしたのがディーゼル機関車で、国鉄のDD13やDD51が有名である。走行用機関を客室の床下などに取り付けた車両が気動車で、ディーゼルカーやディーゼル動車ともよばれる。国鉄のキハ58系、キハ80系、JR北海道のキハ281系などが代表的な気動車である。以下では、とくに断りがないかぎり、たんに気動車と書いてもディーゼル機関車を含むことにする。

うんとこらえて力を溜めて
― レシプロ内燃機関のしくみ ―

熱力学の教科書ではもっとも熱効率が高い機関としてカルノーサイクル（p.8のコラムを参照）が登場する。これは準静的な過程によって構成される仮想的な熱機関であり、2つの等温変化と2つの断熱変化の組み合わせからなる。

レシプロ内燃機関も、基本は4つの過程の組み合わせで1サイクルを構成する。ガソリン蒸気や低温の空気をシリンダー内に吸入する吸気過程、それをピストンで断熱圧縮する圧縮過程、シリンダー内で燃料を燃焼させ高温となったガスを断熱膨張させる爆発過程、そして、燃焼後のガスをシリンダー外に排出する排気過程である。この4過程の1つずつがピストンの片道運動に対応するものを4サイクルエンジン（正確には4ストローク1サイクルエンジン）とよぶ〈図4.2〉。ピストンが片方向に動く間に2つの過程に対応する動作を順次行っているエンジンもあり、2サイクルエンジン（正確には2ストローク1サイクルエンジン）とよばれる〈図4.3〉。これは、ピストンの上下面を利用してピストン1往復で4つの過程を実現したもので、基本的な動作は同じと考えられる。シリンダー内でのピストンの往復運動はクランクによって回転軸へと伝えられる。この軸をクランク軸とよび、レシプロ内燃機関の出力軸となる。エンジンの構造からクランク軸の回転方向はつねに一定なので、双方向に進む鉄道車両では、

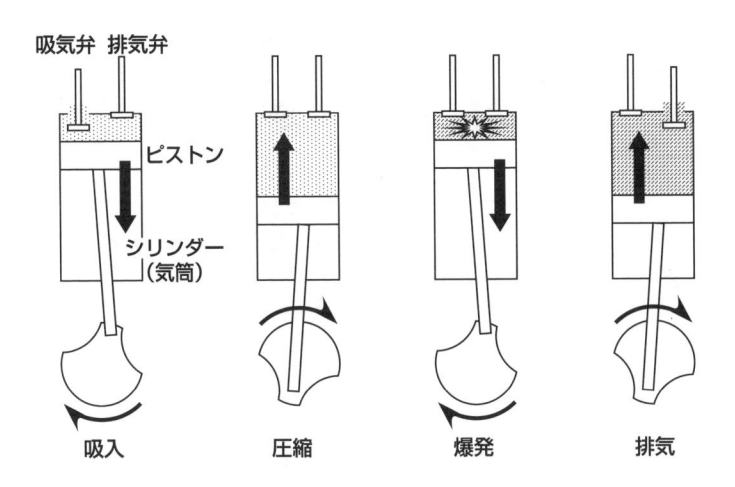

〈図4.2〉4ストロークエンジンのしくみ
ピストンが下がることでエンジン外部から作業気体が吸い込まれる（吸気過程）。ピストンが上がってくると吸気弁が閉じられ，シリンダー内で作業気体が圧縮される（圧縮過程）。十分に圧縮されたところで電気火花（ガソリン機関の場合）や燃料噴霧（ディーゼル機関の場合）により爆発が起こり，ガスの膨張にともなってピストンが押し下げられる（爆発過程）。再びピストンが上昇すると開いた排気弁から燃焼済みのガスが押し出されて排出される（排気過程）。ピストン2往復（4行程＝4ストローク）で元に戻るので4ストローク1サイクルエンジンとよばれる。

逆転機とよばれる，歯車の組み合わせで回転方向を正逆切り換えられる装置がエンジンと車軸の間のどこかに装備されている。

　レシプロ内燃機関も1サイクルで燃焼する気体を1単位と考えると，その過程は，カルノーサイクルに対応するオットーサイクル（断熱過程×2，等積過程×2）やディーゼルサイクル（断熱過程×2，等積過程×1，等圧過程×1）で近似できる。ただし，この各過程は図4.2に示した4過程の区切りとは異なる。

　理想気体の場合，カルノーサイクルの熱効率は2つの熱源の絶対温度の比で決まる。同様の考察と計算を行うと，オットーサイクルでは2つの等積過程時の体積比で決まることがわかる。この比は圧縮過程前後の体積比なので圧縮比

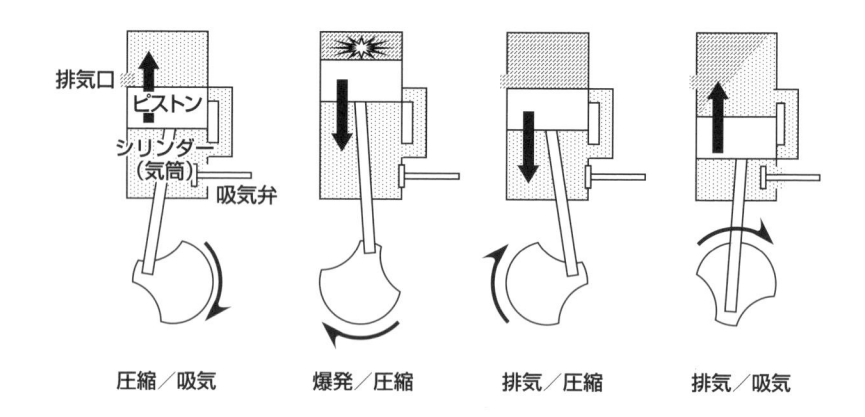

〈図4.3〉2ストロークエンジンのしくみ

ピストンが上がるさいに，ピストン上部では作業気体が圧縮される（圧縮過程）と同時に，ピストン下はエンジン外部から作業気体を吸い込む（吸気過程）。爆発によってピストンが下がり始める（爆発過程）と，ピストン下では作業気体が圧縮される。ピストンが下がり切る直前になると，管路が開き，ピストン上部のガスは自らの圧力で排気口から外部へ排出され（排気過程），その直後には，ピストンの上下を繋ぐ管路も開き，ピストン下で圧縮されていた作業気体がピストン上部へと吹き込まれる。ピストン1往復（2行程）で元に戻るので2ストローク1サイクルエンジンとよばれる。

とよぶ。つまり，圧縮比が高いほど高効率のガソリン機関とすることができる。

ディーゼルサイクルの場合だと，圧縮比の他に等圧過程の直前直後の体積比も熱効率に影響する。その結果は比較的複雑な式になるが，圧縮比が同じならオットーサイクルより熱効率を高くできる。加えて，ディーゼル機関のほうが圧縮比も高くすることもできる。ガソリン蒸気は引火点が低いため，自然発火を避ける必要があり，圧縮比を高くするには限界があるが，ディーゼル機関では空気だけを圧縮するため，自然発火の心配がないからである。

点火の原理と圧縮比の問題を除くと，ガソリン機関とディーゼル機関との違いはわずかなので，以下の説明ではディーゼル機関の場合について述べる。ガソリン機関の場合への読み替えは容易だろうから読者におまかせしたい。

馬力を上げて
― エンジンの出力を決める要因 ―

　シリンダー容積のうち，ピストンの往復運動で変化する部分を排気量という。1サイクルの燃焼で使われる空気は排気量に一致し，燃焼したガスの膨張余地も排気量で決まる。したがって，排気量は1サイクルでのエネルギー発生量を決めるもっとも重要な値である。排気量を大きくするにはシリンダー径やピストンの往復運動距離を大きくすればよいが，シリンダー内での燃焼条件やエンジンの使用環境などの要因から，実用上の制限がある。

　レシプロ内燃機関では4つの過程のうち爆発過程でしか動力が得られない。したがって，1シリンダーでは間欠的にしか動力が得られず，交通機関の動力源としては不都合である。そこで，1台のエンジンには，通常，1つのクランク軸に複数（通常は4つ以上）のシリンダーを設け，位相を適宜ずらすことで出力を均等化する。シリンダー数が増えれば，エンジン1台でみた排気量は増えるので，そのぶん，出力も増えることになる。国鉄の第1世代標準ディーゼル機関であるDMH18系エンジンでは1つのエンジンに8シリンダー，DMF16系エンジンでは6シリンダーが装備されている。

　圧縮過程と爆発過程がともにほぼ断熱過程であることと，爆発過程の初期に燃焼によって熱が発生していることを考えると，原理的に排気ガスは外気より高温高圧である。したがって，シリンダー内から排気されるガスにはまだ運動エネルギーと熱エネルギーが含まれている。これは原理的なロスとなる。のみならず，排気ガスの熱はシリンダー内壁を温めるし，吸気過程のさいの作業気体を加熱してしまうし，エンジン自体が高温になれば機械的な問題も発生する。そこで，レシプロ内燃機関ではシリンダー内壁を冷却する必要がある。金属の熱伝導を使って外気で直接冷やすのが空冷エンジンであり，シリンダー壁内部に水を循環させ熱を運び出すのが水冷エンジンである。水以外の液体を用いるものもあり，これを液冷エンジンとよぶ。鉄道用で用いられているのは水冷エンジンで，温まった冷却水を冷やすためにラジエーターが搭載されている。キハ180型気動車では，ラジエーターが屋上にありよく目立つが，ほかの車両でも

車内や床下に搭載されている。

　内燃機関はシリンダー内という狭い空間で可燃物を燃焼させるので，酸素が不足しがちになる。したがって，1サイクルに大量の燃料を投入しても得られる出力には限界がある。圧縮過程に先立って，吸気前に空気を圧縮しておけばより多くの燃料を燃焼させることができ，同じ排気量でも出力を上げることができる。これを実現したのが過給器である。空気圧縮のための機構にともなう質量増と圧縮のためのエネルギーが必要ではあるが，多くの場合，1サイクルでの出力増による利点がそれを上回るため，鉄道車両ではよく使われている。

　排気ガスの噴流を利用してタービンを回し，その力で空気の圧縮を行うのがターボチャージャーである。排気ガスの膨張エネルギーを利用するのでエネルギーのむだも減る。より積極的にエンジン出力の一部を用いて圧縮機を駆動するものがスーパーチャージャーである。過給器で圧縮した空気はそのままでは断熱圧縮で高温になっている。これを冷却すれば燃焼前のシリンダー内の空気の密度をさらに上げることができる。このための冷却装置がインタークーラーである。日本では，国鉄キハ181系で使用されていたDML30HSCが過給器付きであり，JR東海キハ85系で使用されているC-DMF14HZが過給器とインタークーラー付きのディーゼル機関である〈図4.4〉。

　単位時間あたりに供給できる運動エネルギーがエンジンの出力であることを考えると，エンジンの回転数を増せば，単位時間あたりの爆発過程の回数も増すので，出力が増える。また，1回の爆発過程で使用する燃料を増やせば，より強い爆発が起き，シリンダー内の燃焼ガスは，より激しく膨張する。膨張ガスの圧力が高くなれば，ピストンを押す力が増え，クランク軸のトルクが増すし，膨張が速くなると考えれば，エンジンの回転数が上がる。したがって，原理的には燃料供給量を増やせば，エンジンの回転数とともに，出力とトルクは大きくなる。

　とはいえ，エンジンの可動部分の機械的耐久性には限界があるので，エンジン回転数には実用上の上限がある。逆に，エンジン回転数が低すぎると1サイクルが完結しないうちに，摩擦でピストンが停止してしまうので，実用上の最低回転数もある。したがって，エンジン回転数は一定の範囲内でしか使用できない。

⟨図4.4⟩ 鉄道用ディーゼルエンジンの例
キハ181-1の床下に搭載されているDML30HSCエンジン。12気筒で総排気量30L，定格出力500馬力の強力なエンジンだが，重量が大きいのが欠点だった。（佐久間レールパークにて。）

噛み合っていれば問題解決
― 変速機と電気式気動車 ―

　エンジンが稼働する回転数の範囲に強い制限があり，その範囲内でも回転数とともにトルクが増えていくという特性は，交通機関の動力源としては好ましくない。短い時間で高速走行に到達したいわけだから，低速時ほど大きな加速度が必要で，対応する駆動力が欲しいからである。これを解決するのが変速装置である。
　もっとも原始的な変速装置は歯車の組み合わせで構成される。角速度ωで回転する軸に一周でzだけ歯数がある歯車を取り付けると，単位時間あたりで送られる歯数は$z\omega/(2\pi)$となるが，噛み合っているなら2つの軸でこの値は等しい。

$$z_2 \omega_2 = z_1 \omega_1 \tag{4.1}$$

噛み合っていれば歯の刻みは一致しているはずで，歯数は歯車の有効半径rに比例する．

$$z_1/z_2 = r_1/r_2 \tag{4.2}$$

歯車に加わるトルクτはその定義から歯に加わる力fと歯車の有効半径rの積となるが，fは作用・反作用の法則から2つの歯車で等しいため，

$$f = \tau_1/r_1 = \tau_2/r_2 \tag{4.3}$$

となる．これらの式を整理すると，

$$\omega_2/\omega_1 = \tau_1/\tau_2 = z_1/z_2 \tag{4.4}$$

が得られる．つまり，歯数比z_1/z_2を調整すれば，回転数やトルクを変えることができる．ただし，この式は，歯車を介してもトルクと回転速度の積$\tau\omega$は変わらないことも意味している．電車のモーターでも説明したが，これはエネルギー保存則に対応する．回転軸で物を巻き上げることを考えれば，積$\tau\omega$は軸の出力，すなわち，単位時間あたりの仕事量となる．これに気付けば，このことは容易に納得できよう．

　エンジンのクランク軸と車両の駆動軸の間を歯車でつなぎ，歯数比が異なる噛み合わせに適宜切り換えれば，エンジンの回転数と出力を一定に保ったままでも，駆動軸は大トルク低速回転から小トルク高速回転まで変化させることができ，交通機関に適した動力源となりうる．これが歯車式変速装置の原理である〈図4.5〉．

　鉄道車両でも歯車式変速装置を用いた気動車があり，これを機械式気動車とよぶ．旧式の機械式気動車では，歯車の組の切り換えは人間が判断し，ロッドで操作して行う．歯車式変速装置は摩擦部分が少ないので変換でのロスが少ないのが利点だが，ロッド操作では，複数の変速装置を連動させることができないのが欠点である．とはいえ，近年では電子制御技術と電磁クラッチなどを組み合わせることで，歯車式変速装置を遠隔操作することも可能になってきた．

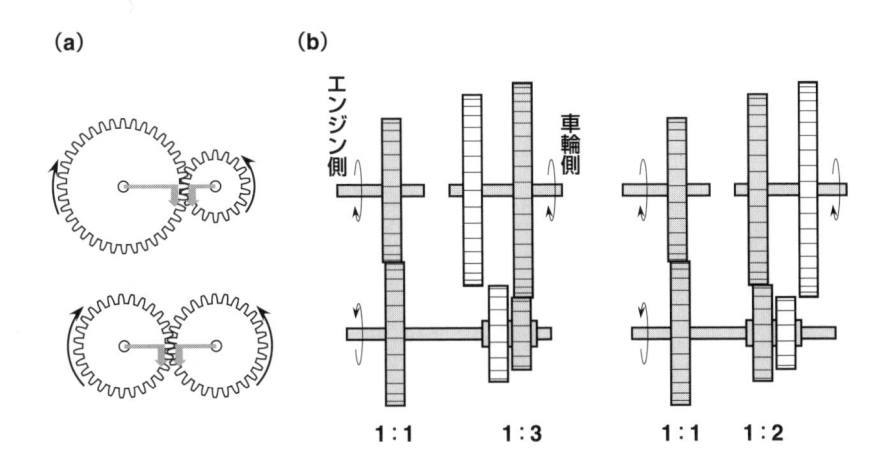

〈図4.5〉歯車式変速装置の原理
2つの並行する回転軸を噛み合った歯車でつなぐと，2つの軸の間で回転数およびトルクを変えることができる。滑りさえ発生しなければ，歯車の代わりに摩擦円盤や滑車とベルトを用いても同じである。異なった歯数比の歯車や半径比の円盤・滑車を用いれば，一定回転数一定トルクの動力軸から望ましいトルクを得ることができる。

ここで発想を変えてみよう。エンジンをエネルギー源と割り切り，これで回した発電機で発生した電力を使って電車のように運転するという方法はどうだろうか。これが電気式気動車である〈図4.6〉。エンジンで発生する電力が一定であっても電車と同じ方法で車両の速度を調整できるし，電力線を引き通しておけば，電車と同じ方法で総括制御も可能となる。エンジンを分散搭載していても，燃料投入量の制御を電磁弁などで遠隔操作すれば，その調整も総括制御できる。

電気式気動車は，日本ではキハ43000などを試作した後，DF50型ディーゼル機関車で実用化された。これらは抵抗制御式電車で述べた弱め界磁を用いているが，近年製造されたJR貨物のDF200ではVVVF制御が用いられている。

とはいえ，電気式気動車は電車の機能に加えてエンジンと発電機を搭載しなければならないため，場所をとり重量が重くなるのが欠点である。このため，

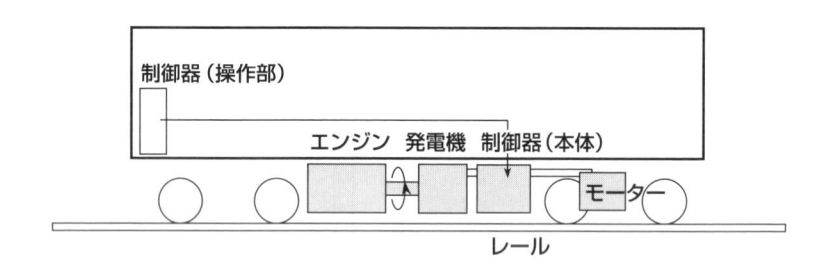

〈図4.6〉電気式気動車の原理
内燃機関で発電機を回し，発生した電力を使って走る。電力から動力を
得る方法は電気車両とまったく同じである。

　列車規模が大きい米国の大陸横断鉄道などでは広く普及したが，日本では別の方式が広く採用された。それが流体変速機を用いる液体式気動車である。
　密閉した容器に2つの羽根車を閉じ込め，流体を充填させた装置を考える。流体の粘性が非常に高いなどの理由で，2つの羽根車と流体との力学的結合が強ければ，一方の羽根車を回転させると流体も他方の羽根車も合わせて剛体的に回転するだろう。この場合，2つの羽根車の間では回転数もトルクも変化はない。粘性がほどほどで力学的結合がある程度の強さならば，2つの羽根車の回転数が不一致な場合も実現しうる。この場合，流体が内部で撹拌されることによって発生するエネルギー損失が十分に小さければ，装置の入力と出力との間でエネルギー保存則が成り立つはずで，歯車の場合と同じく，回転数とトルクの積が一定になる。すわなち，入力側の羽根車の回転数より出力側の羽根車の回転数が低ければ，それに対応するだけ出力側回転軸のトルクが増すということである。これが流体変速機の原理である〈図4.7〉。トルクを変えられるということを重視してトルクコンバーターとよぶこともある。
　回転数とトルクの値は，流体によって連続的に変化するので歯車式変速機よりも連続的な変換ができる。また，個々の流体変速機でトルクと回転数の調整が自動的に行われるので，制御が不要で，エンジンの出力調整を遠隔操作化で

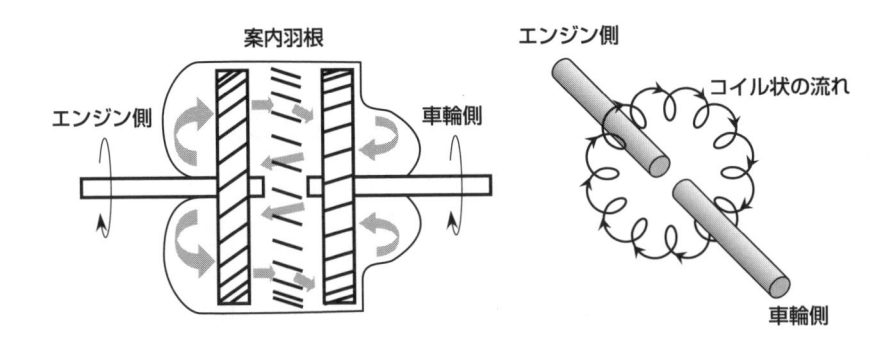

〈図4.7〉流体変速機の原理
2つの羽根車を封じ込めた容器内が粘性流体で満たされている。内部摩擦による損失がなければ，トルクと回転角速度の積は一定になるが，損失を最小限にするために使用する粘性流体の特性や内部の幾何学的構造に工夫が必要となる。実用化された変速機では，エンジン側で加速された流体は変速機の周辺部を流れ，車輪側からの戻りは回転軸に近い側が使われているため，粘性流体の流れは回転軸を取り巻くコイルのような形の複雑なものとなる。

きれば総括制御も可能である。

　ただし，流体変速機を実際に設計・製作するとなると，内部損失が少ない流体の流れが得られるように容器の内部構造を工夫する必要がある。このため，実際の流体変速機には内部の流れが滑らかになるように第3の羽根車が置かれている。また，羽根車と流体との力学的結合の強さが重要な意味をもつので，妥当な粘性をもつ流体の選択や羽根車の構造にも工夫が必要である。

　1960年代以降の日本の気動車はほとんどが流体変速機を用いている。国鉄キハ10系からJR西日本のキハ189系に至るまで，機関車だと国鉄のDE10やDD51などが流体式である。

　設計上の工夫を凝らしたとしても，容器内部で流体が動くので摩擦によるエネルギー損失は0にはできない。これを回避するため，速度が十分に速くなり流体変速機による減速比が1に近づくと，電磁クラッチにより入力軸と出力軸

とを力学的に一体化する機構が取り付けられているのが通例である。これを直結段とよぶ。

滞りなく燃える
― ガスタービン機関 ―

　レシプロ内燃機関ではシリンダー内の気体を入れ替えて燃焼させていた。これを流れ作業で連続的にすれば，時間的に安定した出力が得られる内燃機関となる。直線的な空気流をつくり，上流から順に，吸気，圧縮，爆発，排気と過程が進むようにすればよいわけだ。実際の開発過程はこれとは異なる発想だったようだが，これがタービン内燃機関の原理である。通常はガスタービンとよばれることが多い〈図4.8〉。

　排気流でタービンとよばれる羽根車を回転させ，その力で上流の圧縮機を駆動する。圧縮機も羽根車を利用するものが多く，構造が似ているため，こちらを圧縮タービンとよぶこともある。流れに沿った排気の運動量自体を推進力として利用するものはジェットエンジンとよばれ，航空機で多用されているが，

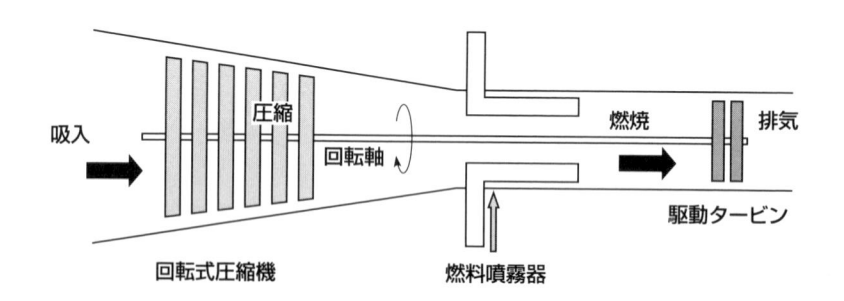

〈図4.8〉ガスタービン機関のしくみ
空気流に沿って上流から吸入，圧縮，爆発，排気の過程が進むようになっている。圧縮機は排気流から回転力を得るタービンによって駆動される。鉄道用では排気の運動エネルギーを極力タービンで回転力とするターボシャフトエンジンが使用されていた。

〈図4.9〉カナダ国鉄のターボトレイン
1970年代に活躍したガスタービン機関を動力とした実用車両だったが，石油価格の高沸，燃費の悪さ，高性能ディーゼルエンジンの発展などの影響により，1980年頃には使われなくなり，後継車もつくられることがなかった。同時期にフランス国鉄が開発したチェルボトランもTGV試作車まではつくられたものの同じような運命をたどっている。
(© CSTMC/CN Collection and G. Richard)

駆動用のタービンで運動エネルギーをほとんど取り出してしまうエンジンもあり，鉄道車両ではおもにこちらが使われる。

　ガスタービンはその構造から高回転低トルクの出力しか得られず，稼働できる回転数の範囲も狭い。したがって，レシプロ内燃機関と同様，それも減速比が大きな変速装置が必要となる。しかし，エンジン質量に対して大出力が得られるため，1970年代にはレシプロ内燃機関に代わる気動車の動力源として注目された。カナダ国鉄がターボトレイン，フランス国鉄がチェルボトランとして実用化したほか，日本でもキハ391系気動車として試作された〈図4.9〉。

　しかし，燃費があまり高くないことに加え，甲高いキーンという騒音が激しく，石油ショックや環境問題が発生すると日本では開発が断念され，今日に至っている。

途中下車　電車文化と前面展望

電車の先頭に行くと運転席に張り付いている人を目にすることは多い。小田急ロマンスカーのような前面展望が可能な列車も人気である。運転室から撮影した前面展望のビデオも多数市販されている。しかし，機関車が引く列車だと，先頭は機関車なので乗客は乗ることができない。したがって，前面展望が可能な列車は電車・気動車に限られる。

日本では，1960年代以降，長距離列車も電車・気動車で運転されるようになり，いまではほとんどの列車が電車か気動車だ。電車や気動車ならば，運転室の背面を窓にするだけで乗客に前面展望を提供できるし，名古屋鉄道7000系パノラマカーや伊豆急行電鉄2100系のように先頭部の構造を2階建て状にすれば，前面展望自体を売りものにする列車をつくることもできる。

海外でも，イタリア国鉄が1960年代に運転していたETR300型電車セッテベッロは前面展望を売りにした車両である（日本の前面展望車は，これに影響されてつくられたといわれている）。とはいえ，これは例外で，海外のほとんどの車両では乗客は前面展望が楽しめない。機関車列車が多いためだと思われるが，馬が邪魔で前が見えない馬車による旅行が前面展望を重視しない文化をつくったのかもしれない。

前面展望といえば，航空機の機内サービスの1つとして離着陸時に前面展望を投影することが日本の航空会社では当然のように行われている。着陸時には怖い気もするが，かなりの数の乗客が楽しんでいるようだ。ところが，海外の航空会社ではそのようなサービスはほとんど行われていなかった。外国人は前面展望に興味がないのだろうかと思っていた。

ところが，先日，ルフトハンザ・ドイツ航空のA380に搭乗したさい，日本の会社と同様の前面展望映像サービスを提供していることを発見した。ドイツといえば，運転士の背後から景色がよく見えるガラス電車が有名だし，ドイツ新幹線の新型ICE3は運転席背後が全面ガラス張りで，前面展望を売りにした電車である。

そう考えると，前面展望の重視は電車文化といえるのかもしれない。

5 鉄道車両の制動

- 蒸気機関車のしくみ
- 抵抗制御式電車のしくみ
- 交流電化と VVVF 電車
- 気動車のしくみ
- **鉄道車両の制動**
- 鉄道車両の走行抵抗
- 曲線の線路
- 登りと下り―勾配を克服する
- 列車運行と信号
- 橋梁とトンネル
- 切符と自動改札のしくみ

初代ブルートレインの名で親しまれている20系固定編成特急型客車。日本の客車で初めて電磁自動ブレーキを採用することで，ブレーキの応答がよくなり，最高速度がそれまでの95 km/hから110 km/hに引き上げられた。昭和33年の登場時は"動くホテル"と称され，空調完備の豪華列車と評判だった。（提供：鉄道博物館）

空気を読んで使え
─ 空気ブレーキ ─

鉄道は走行時の摩擦が少ない交通機関である。これはエネルギー効率が高いことに直結し，小さな動力でも大量で高速な輸送が実現できることを意味する。しかし，交通機関は目的地に到着したら止まることも必要である。また，前方が危険な場合にはただちに止まれる必要がある。このための装置が制動装置，すなわちブレーキである。

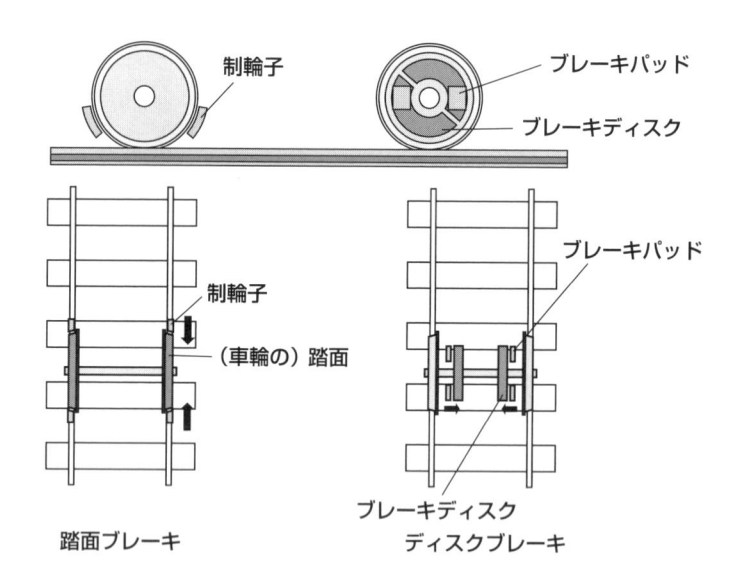

〈図5.1〉踏面ブレーキとディスクブレーキ
車輪に別の物体を押しつけ，その摩擦力でブレーキ力を発生させるのが機械式ブレーキである。車輪の踏面に制輪子を押しつけるのが踏面ブレーキ（左），車軸に取り付けた円盤にパッドを押しつけるのがディスクブレーキ（右）。踏面ブレーキでは車輪1つを両側から押すものと片側から押すものがあり，ディスクブレーキでは円盤の片面を使うものと両面を使うものがある。いずれの場合も，列車の運動エネルギーは摩擦で熱となり，周囲の空気で冷却される。

〈図5.2〉オハ35などの戦前製客車の標準的な台車である
TR23
手前の車輪のすぐ手前に見えるのが踏面ブレーキの制輪子。なおレール上の白い物体は長期停車時にのみ使用する手歯止め。(佐久間レールパークにて。)

　相互に運動する物体が接していると摩擦が起こる。そこで，ブレーキ動作時にだけ運動している部分どうしを強く接触させ，摩擦を大きくするのが機械式ブレーキの基本である。

　日本の鉄道車両で多用されている機械式ブレーキは，踏面ブレーキとディスクブレーキに大別される〈図5.1〉。両者は車輪のどの部分を接触させるかが異なる。

　踏面ブレーキは車輪の踏面に制輪子とよばれる円弧状の物体を押しつけるもので，制輪子は車輪との摩擦が比較的大きく，車輪より減りやすい物質でつくられる。以前は鋳鉄が用いられていたが，近年は合成樹脂であるレジンが用いられる。踏面が制動時に磨かれ，汚れが除去されるという副次的な利点もある〈図5.2〉。

　ブレーキ作用面を踏面とは独立させ，円盤状にしたのがディスクブレーキである〈図5.3〉。新幹線0系のように車輪本体をブレーキディスクとしたものもあるが，多くは車輪とは別の円盤が取り付けられている。東急電鉄・相模鉄道・

〈図5.3〉車軸に取り付けられたディスクブレーキ
ディスクブレーキを装備した電車の床下をよく見ると，車輪の間にブレーキディスクが2枚車軸に固定されていることがわかる。佐久間レールパークに保存されているクハ111-1。

　南海電気鉄道などで使用されたパイオニアIII型台車では，車輪の外側にブレーキディスクがあり目立っていたが，多くの車両では車輪の内側にあり，なかなか目にすることはできない。制輪子に相当する部分はパッドとよばれ，これがディスク面に強く押しつけられてブレーキとなる。踏面ブレーキより広い面が使用でき，生じた摩擦熱が逃げやすいという利点もあるため，比較的高速で運転する車両で広く使用されている。
　機械式ブレーキでは，止めるときに生じる力は動摩擦力なので，条件が同じなら，最大制動力は制輪子やパッドを押さえつける力の強さに比例することになる。質量が大きな列車を大きな減速度（負の加速度）で急停車させるには，この力を強める必要がある。
　鉄道が実用化された直後には，てこを用いて人力で押しつけていたが，それでは不十分なことは容易に想像がつく。しかも，ブレーキ係が乗車している車両でしかブレーキを動作させられないので，長編成になると列車全体の制動力

も不足しがちである。

　蒸気機関では高圧蒸気が得られるので，それを利用することが考えられるが，冷えるとすぐに圧力が低下することもあり，広く普及しなかった。逆に，密閉した容器内で水蒸気を冷却すれば，容易に真空（厳密には低圧気体）を得ることができるため，こちらが利用されることになる。蒸気機関車でつくった真空をパイプで列車中に引き通し，大気圧との差圧で動作するブレーキを各車両に取り付ければ，機関車で真空弁を操作することで列車全体に同時にブレーキをかけることができる。これを真空ブレーキとよび，1870年代に英国で開発され，日本でも1920年ごろまで使用されていた。

　これとは圧力を逆にして，圧縮空気を用いるものが空気ブレーキである。真空ブレーキとほぼ同時期にウェスティングハウスが発明し，当初は路面電車で用いられた。真空ブレーキは最大でも圧力差が1気圧にしかならないため，強いブレーキ力を得るにはシリンダー径を大きくする必要があるが，圧縮空気なら圧力差には原理的な制限がない。このため，列車の制動力が必要となるにつれ，真空ブレーキにとって代わり，広く普及するようになった。

　どちらのブレーキも車輪に隣接してブレーキシリンダーがあり，そこからてこを用いて制輪子などを押しつけるしくみになっている。同じ空気圧でも，ブレーキシリンダー径やてこ比を変えることでブレーキを強化できる。前者はパスカルの原理（コラム参照），後者はてこの原理から理解できよう。JR北海道

途中下車　パスカルの原理 [Pascal's principle]

静止した平衡状態にある流体内部の圧力は，高低差による重力の効果を除けば，どこでもつねに等しいという原理。このため，2つのピストンを管路でつなぎ内部を流体で満たすと，それぞれのピストンに加える力がピストンの面積に比例した場合につり合うことになる。これを利用すると，断面積が異なるピストンを使って加えた力を強めることができる。水や油のように非圧縮性流体を用いることが多いが，平衡状態で考えれば，空気のような圧縮性流体でも成り立つ。

のキハ183系やJR西日本の113系電車の高速化対応などでは，こうした改造が実施された。

フェイルセーフと音速の限界
— 自動ブレーキと電気指令式ブレーキ —

空気ブレーキや真空ブレーキでは列車全体に管を引き通すことで，列車全体に同時にブレーキをかけることができる。これを直通ブレーキとよぶ。

しかし，初期の鉄道では連結器の信頼性が低く，列車が途中で分離し引通管が破断したり，操作ミスで管が大気圧に解放されている可能性があった。これが原因でブレーキが効かず実際に事故が発生したため，改良されたのが自動ブレーキである。これはブレーキの指令の圧力値を負論理[*1]にしたものである。英国では真空ブレーキでも同様のシステムが開発されたが，ここでは空気ブレーキの場合で説明しよう。

各車両にはブレーキ動作に必要な圧縮空気を一時的に溜める補助空気溜があり，ブレーキシリンダーへの給気はここから行われる。その制御には引き通されたブレーキ管の圧力が信号として用いられ，これが大気圧まで減圧すると制御弁とよばれる機械式の弁機構が作動し，ブレーキシリンダーへの給気が行われるというしくみである。ブレーキをゆるめるには，ブレーキ管の圧力を再び高める。すると制御弁が動作してブレーキシリンダー内の圧縮空気が排気されると同時に，補助空気溜には空気圧縮機と元空気溜で常時用意してある圧縮空気が供給され，次のブレーキ動作に備えるというしくみになっている〈図5.4〉。

ブレーキ指令が圧縮空気の減圧によるため，列車分離やブレーキ管の漏れがあると自動的にブレーキが動作することになる。列車のどこからでもブレーキ管を減圧すればブレーキがかかるので，運転席以外からでも非常時のブレーキ操作が可能となる。これを車掌弁とよび，JRではこれが設置されている客車

[*1] 負論理とは，動作を指令するさいに信号が真なら動作せず，偽なら動作するようになっていること。電流が通じていないと動作するシステムなどが該当する。異常が発生したさいに動作が安全側に働く必要がある制御システムに用いられることが多い。

や貨車は列車末尾であることが明らかな車種を除いて，記号"フ"が付くことになっている。コキフ50000やカハフE26がこの例である。

ところで，空気圧の変化はおおむね音速で伝わる。したがって，"同時に"とはいっても指令が伝わる速度はせいぜい音速の程度であり，長編成の列車で

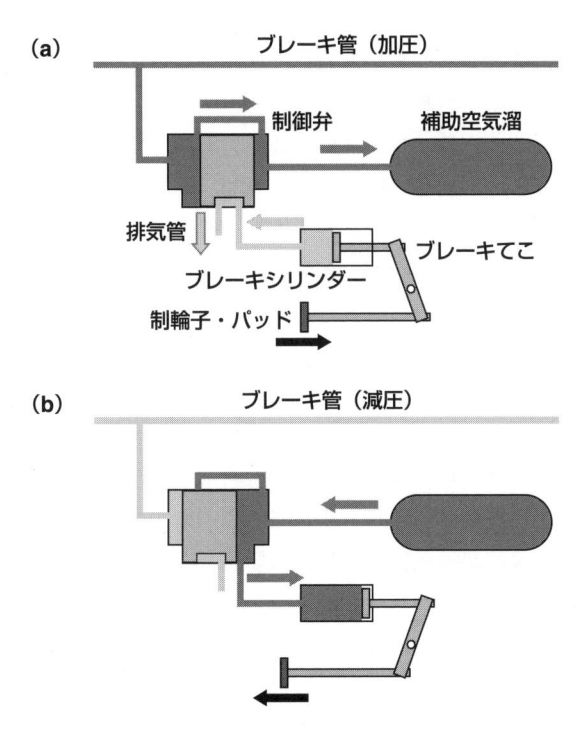

(a) ブレーキ管（加圧）
制御弁
補助空気溜
排気管
ブレーキシリンダー
ブレーキてこ
制輪子・パッド

(b) ブレーキ管（減圧）

〈図5.4〉**自動空気ブレーキのしくみ**
ブレーキ管の圧力に対して負論理になる鍵は，補助空気溜と制御弁の構造にある。ブレーキ力の元となる圧縮空気は，まずブレーキ管を通じて事前に各車両に搭載された補助空気溜に一時的に溜められる(a)。ブレーキ管の圧力が下がると制御弁が動作し，補助空気溜からブレーキシリンダーに圧縮空気が送られ，ブレーキが動作する(b)。この状態で元空気溜の圧縮空気を使ってブレーキ管の圧力を再度上げると，制御弁の働きでブレーキシリンダー内の圧縮空気が徐々に排気されるとともに，補助空気溜に次のブレーキ動作のための圧縮空気が溜められる(a)。

は末尾まで指令が伝わるのに時間がかかる。たとえば，1両20 mの電車15両編成だと，先頭から最後尾まで1秒以上かかるはずで，実際にはその数倍を要する。この遅れは，列車が高速になり速いブレーキ応答が運転上必要となってくると問題となる。さらに，補助空気溜への圧縮空気の供給と制御情報の伝達を1本の空気管で行っているため，制動力を調整したいときには，ブレーキシリンダーから排気する時間を調整することで圧力を加減するという，複雑な操作が必要となる。そこで，ブレーキ力には空気圧を用いつつ，指令は電気信号を用いたブレーキが開発されることになる。

電磁自動ブレーキは自動ブレーキの指令圧力と同時に，補助空気溜からの給気を電気回路によって電磁弁で制御するもので，応答時間の遅れを改善したうえで，旧来の自動ブレーキの車両との互換性も確保されていた。日本の国鉄では80系電車，20系固定編成寝台特急客車，コキ10000系高速貨車などで採用された。しかし，ブレーキ力の調整時の排気は従来どおりであり，ブレーキ緩解時の応答も従来どおりである。

これを改善したのが電磁直通ブレーキである。直通ブレーキ管内の圧力を，各車ごとに電気回路による2つの電磁弁で制御する。ブレーキシリンダーへは直接には各車両に搭載された供給空気溜から給気するが，そこへは直通管を通じて空気圧縮機と元空気溜で常時用意してある圧縮空気が随時供給できるようになっている。機械的制御を行う中継弁の働きで，シリンダー内圧力は直通管の圧力と同一になるため，ブレーキ緩解時の応答もよい。自動ブレーキに比べてブレーキ緩解の操作が容易になったことも特徴である。さらに，直通管が列車全体に引き通されているため，電磁弁が動作不良を起こした場合でも直通ブレーキとして動作するという冗長性をもつ〈図5.5〉。日本の国鉄では，101系電車以降の新性能電車で採用された。

電気信号や電磁弁の信頼性が上がると，ブレーキ司令用の空気配管を廃した電気指令空気ブレーキが開発された。この場合，ブレーキシリンダー動作用の圧縮空気は，給気システムの集約化を除けば基本的に列車全体に引き通す必要がない。制御の電気回路は，初期には3本の回路を使い，1ビットずつ8レベルの信号を送るものが使用されていた（これをアナログ式と表記している資料もあるが，アナログ・デジタルの本来の意味からすると誤り）。これに代わり，

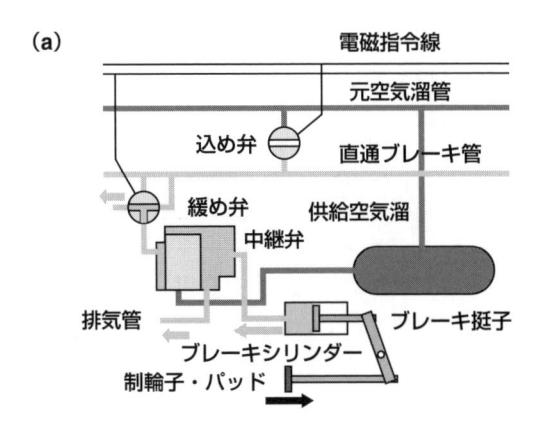

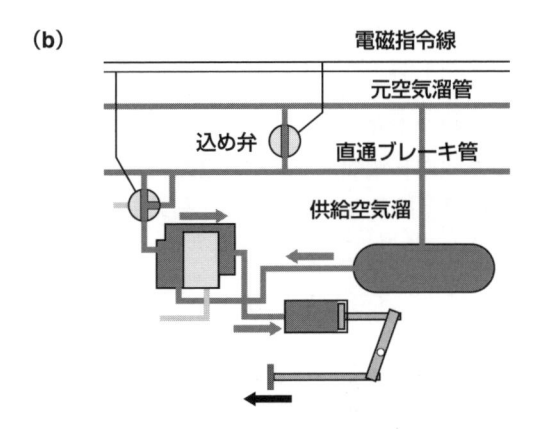

〈図5.5〉電磁直通ブレーキのしくみ

ブレーキシリンダーへの給排気制御に使う空気圧は直通ブレーキ管の圧力を用いるが、それを編成全体に引き通すだけでなく、各車ごとに電気信号でも制御するのが電磁直通ブレーキである。ブレーキシリンダー圧力は、中継弁とよばれる機械的弁装置によって、直通ブレーキ管の圧力とつねに一致するようになっている。電気系の信頼性が十分に高くなり、直通ブレーキ管を省けるようになると、これから電気指令式空気ブレーキへと進化する。

近年では1本の電線で符号多重化して送るデジタル信号を用いている。

ブレーキは安全運転の要であるため，複数のシステムを備える場合が多く，列車分離などの異常時に備えて自動空気ブレーキを併設した車両も多い。

電気の力で減速せよ
— 電気ブレーキと電力回生ブレーキ —

電車や電気機関車の場合，駆動は電磁気力を利用していた。これをブレーキ動作に用いたブレーキも実用化されている。

直流モーターでも回路を組み替えると，界磁コイルに電流を通じたまま電機子への電流供給を止めることができる。すると，モーター内部では磁場中を導体がそれと直交する方向に運動することになるので，電機子コイルには誘導起電力が生じる。そこで，電機子コイルを抵抗を通じて短絡すると電流が流れ，それと磁場とでローレンツ力が生じる。これを制動力として利用するのである。

コイル導線の電気抵抗が十分に小さければ，抵抗器で消費される電力と，制動力によって減速される回転運動エネルギーの減少率は等しい。そこで，誘導起電力 V，短絡する負荷抵抗 R，流れる電流 i，制動力トルク T，回転速度 ω の関係は

$$Vi = \frac{V^2}{R} = i^2 R = T\omega \tag{5.1}$$

で与えられる。界磁コイルによる磁場 B が一定ならば誘導起電力 V は B と回転速度 ω に比例するので，比例係数を k とすれば

$$V = kB\omega \tag{5.2}$$

となる。

式(5.1)に式(5.2)を代入して V を消去すると

$$T = \frac{k^2 B^2 \omega}{R}, \quad i = \frac{kB\omega}{R} \tag{5.3}$$

が得られ，負荷抵抗 R が一定ならば回転速度 ω に比例した電流 i が流れ，ω に

比例した制動トルクTが得られる。これが電気ブレーキである。発電ブレーキとよぶこともある。

抵抗制御電車の加速時と同じように，電流あるいは速度の減少に従って順次，負荷抵抗を減らしていけば，電流が許容電流値を超えることなく一定範囲内の制動トルクを得ることができる。

2個のモーターの電機子を直列にして両端を抵抗で短絡すれば，モーター1個の起電力Vに対して$2V = iR$となるので，並列時に対してRが半分になるのと同じ効果があり，式(5.3)は

$$T = \frac{2k^2B^2\omega}{R}, \quad i = \frac{2kB\omega}{R} \qquad (5.4)$$

となる。したがって，直列と並列との切り換えも，ブレーキ力制御に有効である。

これらの動作も，加速時の自動進段とほぼ同じ機構で自動化できる。また，界磁コイルを加速時の弱め界磁と同じ方法で弱くすれば，制動トルクは小さくなるものの，高いωでもiを許容電流以下に抑えることが可能となり，高速時から電気ブレーキを使用することができる〈図5.6〉。

電車や電気機関車は架線を通じて外部と電気的につながっている。したがって，電気ブレーキで生じた電力を自分だけで消費する必要はない。列車頻度が高ければ，電気ブレーキを使用しているときに加速している列車もあるはずだ。そこで，誘導起電力を架線に戻し，ほかの列車で消費してもらえばエネルギーの有効利用にもなる。このようなブレーキを電力回生ブレーキとよぶ。発電ブレーキと電力回生ブレーキをまとめて，（広義の）電気ブレーキとよぶ場合もある。

誘導モーターの場合，回転子の回転速度より遅い回転磁場を与えると，回転子は回転磁場に同期しようとするため減速トルクを受けることになる。エネルギー保存則を考えると，それに対応した電力が固定子に生じるはずであり，結果的に発電機として機能することがわかる。したがって，VVVF車（可変電圧可変周波数，つまりインバーター制御の車両）でも電気ブレーキや電力回生ブレーキを使用することができる。電力回生ブレーキの場合には，インバーター回路も組み直して，3相交流（p.38のコラムを参照）から直流や架線に流す単相

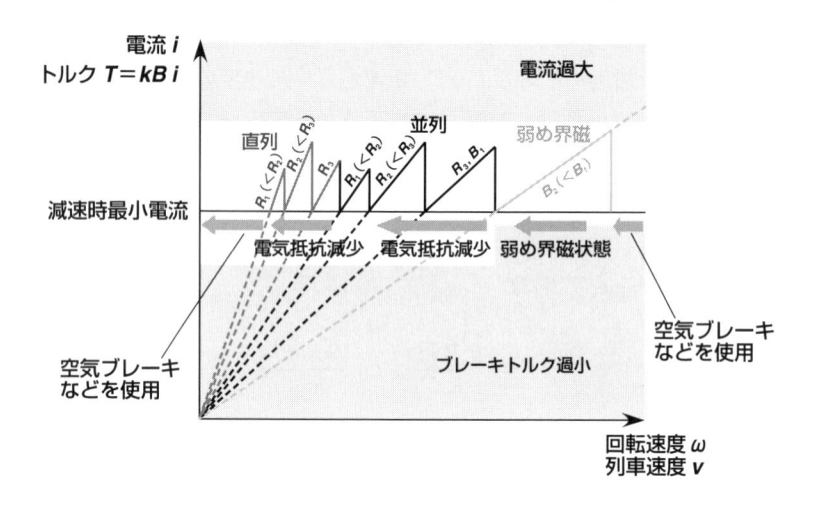

〈図5.6〉電気ブレーキの基本特性
抵抗制御，直並列切替，弱め界磁の利用などで，広い速度範囲に対して一定範囲内のブレーキトルクを発生することができる。ただし現実的には，高速域では過大電流，低速域ではトルク不足が原因で使用できない速度範囲がありうるので，そこを補うためにほかのブレーキが併設されることが多い。

交流をつくるようにする必要がある。

　電力回生ブレーキは鉄道のエネルギー効率を向上させるが，列車頻度が少なくほかに電力を使用してくれる列車がない場合には機能しない。電圧が上がっても電流が流れなければ，ローレンツ力は働かないからである。これを回生失効という。これに備えて発電ブレーキを併設したり，架線への電源供給を行っている変電所で回生電力を消費できるようになっている。

　式(5.3)を見返すと，電気ブレーキは高速では電流が過大となるため，また，低速では制御トルクが過小となるためうまく利用できないことがわかる。このため，妥当な速度範囲の外では機械式ブレーキを併用するのが通例であった。この場合，電磁直通ブレーキ以降の空気ブレーキでは，ブレーキ力が連続するように電気ブレーキと機械式ブレーキとの切り換えを自動的に行う機構が組み

込まれており，運転士は意識して両者の切り換えをする必要がない。さらに近年では，負荷抵抗を細かく調整したりインバーター回路を工夫することで，電気ブレーキが有効な速度範囲が拡大された結果，ほとんど機械式ブレーキを用いずに運転できる車両も増えてきた。

モーターがないサハどうしよう
— 渦電流ブレーキ —

電気ブレーキを使うには，車軸にモーターがついていなければならない。しかし，加速時の動力が十分ならば，編成の全車両を高価なモーター付きの電動車にせずに，一部あるいは大部分をモーターなしの付随車にするのが経済的である。

では，付随車は機械式ブレーキを使用するしかないのだろうか？　以前はそのようなシステムが標準だった。しかし，近年では電気ブレーキが強力になったので，回生ブレーキでできるだけ運動エネルギーを回収し，制動力が不足する場合にだけ付随車の機械式ブレーキを自動的に作動させる，遅れ込め制御を行う電車編成も増えてきている。けれども，付随車でも電磁気力を用いたブレーキが使われている場合がある。

誘導モーターでは回転磁場と同期回転しようとする力が働くことを，第3章で説明した。では，回転子を比較的電気抵抗が大きな金属でつくり，固定子の磁場を固定したらどうなるだろうか。この場合，回転子には大きな誘導起電力が生じ，それに応じた回転する電流が生じる。これを渦電流とよぶ。渦電流は回転子内の電気抵抗によって電力消費されるので，これが制動力となる。これを渦電流ディスクブレーキとよぶ。回転子として金属円盤を用いれば，機械式のディスクブレーキに似た形態のブレーキとなる〈図5.7〉。接触部がないため保守部品が少ないのが利点だが，固定子にあたる電磁石を強力にするために重量が重くなるのと，運動エネルギーを熱エネルギーとして消費してしまうのが欠点である。日本では100系など付随車がある新幹線電車では使用されているが，ほかにはあまり使われなかった。

同じ原理をリニアモーター的に使用したのが，渦電流レールブレーキである。レールに隣接して複数の電磁石をN極S極が交互に並ぶように設置すれば，

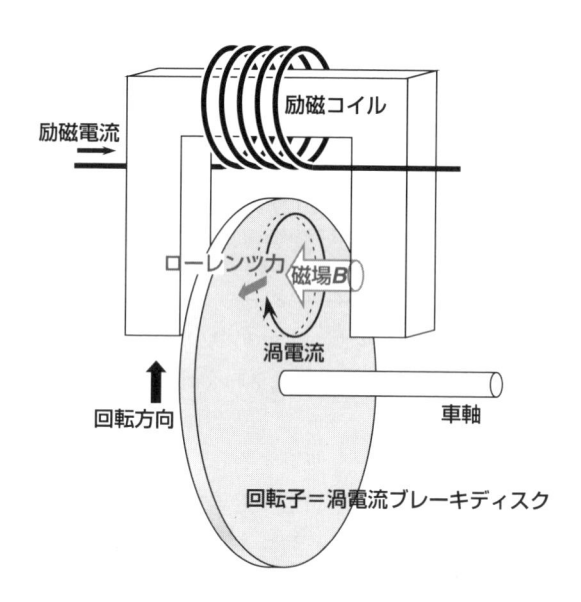

〈図5.7〉渦電流ディスクブレーキの基本的なしくみ
回転する導体の円盤を固定した磁場中に置くと，導体の運動と磁場の効果により誘導起電力が生じる。これによって円盤中には環状の渦電流が生じる。導体に電気抵抗があると，この電流による発熱が起きる。この熱エネルギーは，円盤の回転運動エネルギーから生じるものなので，結局その発熱分だけ運動エネルギーが減り，回転が遅くなる。あるいは，電気抵抗がある場合には起電力で生じる電流分布が少し遅れるために，渦電流の中心が円盤の回転方向にずれ，それと磁場中心とのずれによって回転後方のローレンツ力の方が回転前方より大きくなるため円盤の回転と逆向きの力が生じると考えることもできる。

車両の進行にともなってレールに渦電流が発生してブレーキとなる。ドイツの新幹線ICEなどで利用されているが，日本では渦電流ディスクブレーキと同じ理由で採用されていない。碓氷峠専用だったEF63型電気機関車にも似たブレーキが取り付けられていたが，これはレールに電磁石で吸着し，その摩擦力を用いるものであった。急勾配で非常時に停止状態を維持するために使われるもので，渦電流レールブレーキとは目的も動作原理も異なる。

6
鉄道車両の走行抵抗

- 蒸気機関車のしくみ
- 抵抗制御式電車のしくみ
- 交流電化と VVVF 電車
- 気動車のしくみ
- 鉄道車両の制動
- **鉄道車両の走行抵抗**
- 曲線の線路
- 登りと下り—勾配を克服する
- 列車運行と信号
- 橋梁とトンネル
- 切符と自動改札のしくみ

「のぞみ」として疾走する500系新幹線電車。日本で初めて300 km/hの営業運転を行った。ジェット戦闘機を連想させる先頭部や円筒形の車体など未来感溢れるデザインに多くの人がカメラを向けた。ただし、この形態も実用よりはイメージ優先で決められた。現在は短編成化され、山陽新幹線で「こだま」として活躍中。(提供：JR西日本)

摩擦の種は内部から
― 転がり摩擦は変形のため ―

　交通機関は移動することがもっとも重要な機能なので，移動に対する影響が類似である要因をすべて同じ用語にまとめてしまうことがある。たとえば"抵抗"がその1つだ。物理学とは異なり，鉄道用語では，一定速度を維持して運行を継続することを妨げる要因を，まとめて"走行抵抗"とよぶ。

　その多くは摩擦に帰着するのだが，そうでない場合もある。たとえば，勾配を登るさいには重力に逆らって進むことになるため，定速を維持するためには当然，それに応じた力が必要となる。これを勾配抵抗とよぶ（第8章参照）。とはいえ，ここでは物理学でいう摩擦に帰着できるものだけをとり上げることにしよう。

　特殊なものを除けば，鉄道は，レールの上を車輪が転がって進む。このさいに摩擦が生じる。回転する車軸を保持する部分に原因があるものは後述するとして，車輪が回転すること自体で生じる摩擦抵抗があり，これを"転がり摩擦"という。モノレールや新交通システムのように，ゴムタイヤとコンクリート軌道で構成される鉄道もあるが，ほとんどの鉄道は鉄のレールの上を鉄の車輪で走行する。この組み合わせだと，"転がり摩擦"がとくに小さい。鉄道が自動車よりも，エネルギー効率がずっと高い交通機関である理由の1つがこれである。

　ところが，"転がり摩擦"が小さい理由について，物理学的にきちんとした説明を見かけることは少ない。第1章で鉄どうしの静止摩擦係数が小さいことを紹介したが，それと"転がり摩擦"が小さいこととは直接は関係がない。車輪が滑っていないかぎり，摩擦は起きないからである。鉄道車両に用いられている車輪と車軸は質量が大きく，転がし始めるには比較的大きなトルクが必要である。しかし，これは加速に必要な力であって摩擦ではない。

　自動車の車輪はタイヤがあり，アスファルトの路面も比較的柔軟である。これに比べると，鉄のレールと車輪はほぼ剛体である。したがって，重さが加わってもほとんど変形しない。しかし，何トンという重さが加われば，多少なりとも変形しよう。この状態で転がれば，回転にともなって生じる変形の状況が

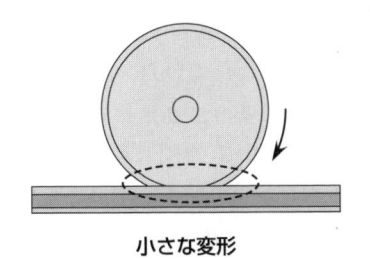

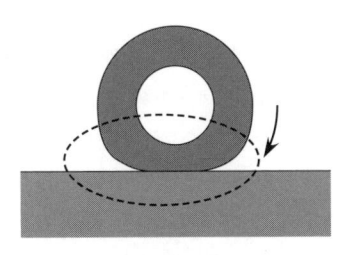

小さな変形　　　　　　　　　　大きな変形

〈図6.1〉転がり摩擦と車輪の変形
車輪は，それを載せている荷重や自身の重さのために変形する。この変形は車輪が転がると，動的に移動する。それにともなう内部摩擦が転がり摩擦の本質である。硬い鉄の車輪なら変形が小さく転がり摩擦は小さいが（左），軟らかいゴムタイヤだと変形も内部摩擦も大きい（右）。転がり摩擦で失われるエネルギーがタイヤを加熱することになる。

レールでも車輪でも変わってくる。固体の形が変われば内部摩擦が生じる。"転がり摩擦"の本質はここにある。自動車の場合，タイヤも道路も大きく変形するので，"転がり摩擦"が大きいのである〈図6.1〉。

ゴムタイヤの場合，荷重で大きく変形したまま高速回転させると，それが戻る応答の遅れが大きな異常変形となりタイヤを傷めることがある。これによって突発的なパンクが発生して事故につながることもある。そこまでいかなくても，高速道路を走った直後のタイヤは温まっている。これは，"転がり摩擦"に相当する変形の内部摩擦が原因なのである。

一方，鉄のレールに鉄の車輪だと剛体的な接触なので，レールと車軸との距離がわずかでも変化すると，大きな衝撃が発生する。これに対して，ゴムタイヤは接地面が弾性体なので，変位に追従することができる。同じ力積でも弾性体の変形に要する時間にわたって力が分散するので，衝撃力がずっと弱くなる。接触面自体がばねの効果をもつので，原理的に"ばね下重量"をゼロにすることができるわけだ。ばね下重量をできるだけ軽減することが高速化に重要だということは，第2章でも紹介した。

1970年ごろにはモノレールが多数建設され，いまの日本のモノレールの総延長は世界最長である。当時，モノレールは"未来の鉄道"ともてはやされ，在来型の鉄道を超える高速運転が可能になるといわれていた。しかし実際には，現在のモノレールの最高時速は100 km以下であり，在来線の最高運転速度にすら遠く及ばない。これらのモノレールは，向ヶ丘遊園と姫路にあったものを除くとゴムタイヤを用いており，レールもコンクリートを用いたものが多い。つまり，"転がり摩擦"の点では自動車と同じなのである。

ゴムタイヤのような弾性体の車輪だとばね下重量が小さいために衝撃が小さいことが，高速運転に適していると考えられた理由のようである。しかし，そのメリットよりも転がり摩擦が大きいことの影響のほうが甚大で，結果として高速化を阻害したのだと考えられる。

ウケを考えて抵抗を減らせ
― 平軸受けからコロ軸受けへ ―

走行抵抗には，転がり摩擦以外の要因もある。進行する車体の重量は回転する車軸で受ける必要があり，そこに機械的な接触点が存在する。これを担うのが軸受けである。

交通機関の本質を考えると，車体に搭載する乗客と荷物および動力源などの質量が車両の全質量の大部分を占めるべきである。第1章で述べたように，粘着力を得るためにも軸重を重くする必要がある。つまり，軸受けには必然的に相当な強さの力が加わっていることになる。

機械強度の硬い材料が入手できなかった時代には，荷重を面で受ける軸受けが使用された。これを平軸受けという。面で接触するわけだから，ここで摩擦が発生する。ブレーキと同じであるが，摩擦の大小でいえば，軸受けには正反対の性質が要求される。動摩擦係数が小さく，かつ著しい摩耗を発生しない材料が軸受けに適しているわけだ。動摩擦係数を小さくするためには，接触面を液体で潤滑するのが効果的なので，平軸受けにはグリスなどの潤滑油も使用された。

それでも，長時間の走行では大量の摩擦熱が生じる。したがって，平軸受け

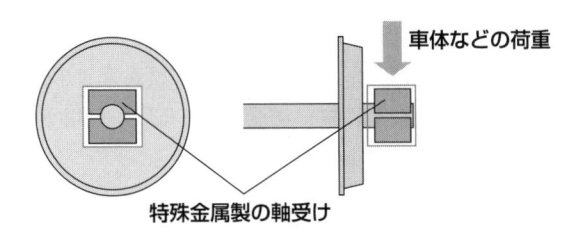

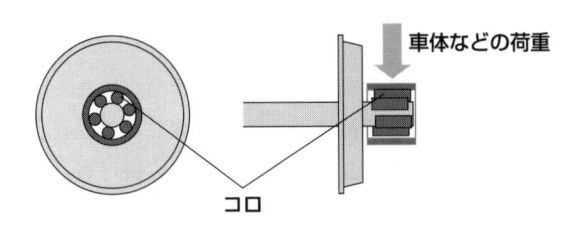

〈図6.2〉平軸受けとコロ軸受け
円筒内面で車軸と接する平軸受けでは金属の摩擦が回転の抵抗となるが、大きな荷重に耐える軸受けをつくることは比較的容易である（上）。一方、硬い金属でつくった円筒形のコロを介して接するコロ軸受けでは、コロの転がり摩擦だけになるので、回転に対する摩擦は大幅に軽減する（下）。

の時代には、長距離の連続走行は事実上不可能だった。とくに、機関車は軸重も大きく、長らく平軸受けが用いられたので、連続走行は困難であり、一定の距離ごとに機関車の交換を必要とした。

　一方、材料とその加工技術が進むと、車輪そのものと同様に、転がりによって支持する軸受けが実用化されるようになる。いわゆるベアリングの使用である。荷重が比較的小さな場合には球を用い点接触するボールベアリングが用いられるが、鉄道車両の軸重級の荷重になると、線接触するコロが用いられる。こうして、平軸受けからコロ軸受けの時代へと移るのである〈図6.2〉。

　世界的には第2次世界大戦前にも鉄道車両にコロ軸受けが用いられていたが、日本では精密加工技術と金属材料技術が後れていたため国産化が遅れ、ベアリ

ングは軍用に優先使用されていた。逆に，戦後はベアリング産業の維持のため，積極的にコロ軸受けが鉄道で採用されることになる。

旧国鉄の客車ではスハ32などに用いられたTR23台車までは原則として平軸受けだったが，オハ35戦後型ではコロ軸受けのTR34が使用された。現在では，原則としてすべての車両がコロ軸受けを用いている。

未来へ飛んで行け
── 究極の抵抗軽減策 ──

車輪を使わなければ，軸受けの転がり摩擦も影響しなくなる。その意味で，走行時の車輪に起因する機械的摩擦を原理的に排除したのが浮上式鉄道である。車輪がないので軸受けが不要となり，機械的接触も避けられるので超高速鉄道に適している。

重力に逆らって浮上するには，航空機のように翼で飛行する方法もありうるが，翼面積が地上交通機関として過大になる欠点がある。それを避ける浮上方法としては，固体表面の空気流による表面効果を用いる方法と，磁力による方法が考えられる。

表面効果を用いた交通機関は，ホバークラフトとして実用化されている。英国やフランスではかつて，ホバークラフトによって地表からわずかに浮上する鉄道が構想されたり試験されたりしていたが，現在，実際に運行している浮上式鉄道は磁力によるものである。

磁極どうしに働く力は距離の2乗に反比例する。したがって，同種極の反発を用いれば重力と磁力とでフィードバックがかかり，自動的に一定の距離に保つシステムをつくることができる。これが反発式磁気浮上システムである。山梨に実験線がありJR東海が建設を発表した中央リニア新幹線は，この方法を採用している。十分な安全性を見越して浮上高さを数十cmとする設計としたため，非常に強力な磁石が必要となり，超伝導磁石を使用することになった。車載の超伝導コイルに流した電流で磁石をつくり，これを高速で移動させると，地上に設置したコイルには誘導電流が生じる。その方向は，接近する磁場とは逆方向になる。ここの原理は第3章で紹介したとおりだ。その結果，地上には

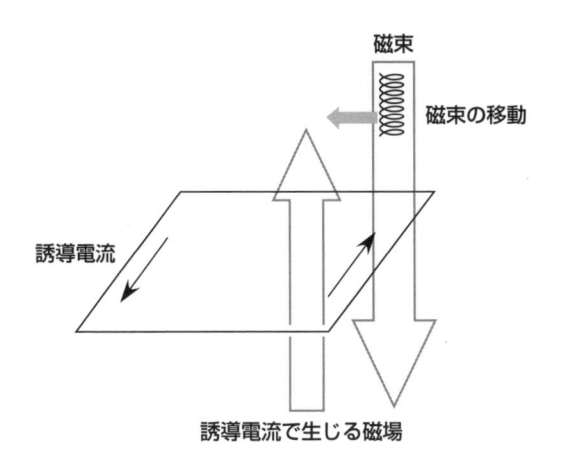

〈図6.3〉反発式磁気浮上システム
磁束を接近させると閉ループ回路に誘導電流が生じる。それによって生じる磁束は，接近する磁束を打ち消す方向となる。これは，「完全導体ループ中の磁束は，ループに生じる誘導電流まで考慮するとつねに保存する」（レンツの法則）と考えてもよい。この結果，地上に設置した閉ループに超伝導電磁石を接近させると，両者に反発力が働くことになる。日本の超伝導リニアモーターカーでは，これを利用して車体を浮上させている。

常伝導コイルを設置するだけで，車載磁石と反発する電磁石が自動的につくられるわけである〈図6.3〉。

　磁石の吸引力を用いるシステムなら，電磁石で引きつける相手は磁石でなくても機能する。この場合，浮上高さを最小限にするなら常伝導磁石の磁力でも十分であり，超伝導磁石による反発式浮上システムより簡便なシステムにできる。これが吸着式磁気浮上システムである。ただし，吸引力と重力の平衡点はそのままでは不安定平衡点となってしまうので，人為的な制御システムを組み込んで，浮上高がほぼ一定になるようにフィードバックする必要がある。上海空港アクセスで運行しているトランスラピッドはこの方式による磁気浮上式鉄道で，500 km/hという世界最高速での営業運転を行っている。

かっこよく風を切れ
── 流線形と新幹線 ──

　地上で空気中を移動するかぎり，浮上式鉄道でも空気抵抗をゼロにすることはできない。在来型の鉄道であっても，運転速度が上がってくると空気抵抗を考慮する必要がある。転がり摩擦や軸受けの摩擦など，車輪に起因する摩擦抵抗は列車速度にそれほど依存しないが，空気抵抗は速度に応じて急速に大きくなるからである。

　航空機はそもそも，空気抵抗しか効かないので，早い時期から空気抵抗を軽減する研究がなされてきた。その成果が，高速の空気流を乱さずに流すための形状である"流線形"である。具体的な形は，当初は実験的・経験的に得られていたが，近年では流体力学から理論予測して得られる形状が直接採用されるようになっている。

　1930年代後半にはプロペラにより亜音速で飛行する航空機が多数実用化され，空気抵抗を減らすために流線形のデザインがとり入れられた。これが当時，最速の交通機関であったため，流線形が高速を連想する象徴となった。交通機関にとって高速は大きなアピールポイントなので，流線形の形状が不要な交通機関にも，当時はデザインとして流線形がとり入れられたのである。これが世にいう"流線形時代"である。当時の国鉄では，52系電車〈図6.4〉，C53型蒸気機関車，EF55型電気機関車などがつくられた。名鉄モ3400型電車も，この時代の流線形電車である。

　とはいえ，95 km/hという当時の列車速度では，空気抵抗よりも車輪などに起因する摩擦抵抗の方が大きく，あくまでもイメージ先行であった。南満州鉄道の「あじあ号」は編成丸ごと流線形としたので，多少は効果があったかもしれないが，機関車のみを流線形にしたC53型蒸気機関車やEF55型電気機関車などは，列車全体の空気抵抗の減少にはほとんど寄与しなかった。

　列車で実質的な意味で空気抵抗を考慮して車体がデザインされたのは，0系新幹線電車が最初であろう。最高速度210 km/hでは，空気抵抗の方が大きくなるからである〈図6.5〉。

〈図6.4〉国鉄クモハ52型電車
昭和初期の流線形時代を象徴する電車だが，95 km/hという最高速度を考慮すると，空気抵抗よりほかの走行抵抗のほうがずっと大きい。車体の形状は実用というより，乗客に対する高速なイメージを優先して採用された。(佐久間レールパークにて。)

〈図6.5〉0系新幹線の先頭車，22型新幹線電車
実用を考慮して流線形となった日本初の鉄道車両といってよいだろう。(青梅鉄道記念公園にて。)

〈図6.6〉N700系新幹線電車の連結部分
伸縮性の外幌により車両継ぎ目で生じる渦を最小限とし，空気抵抗の軽減と騒音の発生を抑えている。（東京駅にて。）

　流線形というと先頭部だけが注目されがちだが，実際は編成全体で考える必要があり，とくに末尾の形状も重要である。航空機では先頭部と尾部の形状はかなり異なるが，電車列車の場合，終着駅で折り返すと前後が逆になるため，共通のデザインとせざるをえず限界がある。理想的な流線形とはかなり異なる形状で尾部が造形されていると，そこで左右交互に渦が発生する。いわゆるカルマン渦である（コラム参照）。これによって編成末尾では高速走行時に左右動が生じ，乗り心地が悪化する。300系新幹線電車では実際に，最後部のゆれが問題となった。

　また，長編成の列車では，中間部分の空気抵抗が無視できない。車側面の凹凸が空気流を乱し，発生した乱流が抵抗を生むので，なるべく平滑につくる必要がある。保守の便や製作費との関係も考慮しなければいけないが，空気抵抗の軽減を強く意識すると，窓を固定しガラスと外板を平滑にするばかりでなく，乗降用の扉も閉まっているさいに外板と平滑になるプラグドアとしたり，車両

〈図6.7〉現在の東海道新幹線を代表する700系とN700系新幹線電車
先頭の形状は空気抵抗を減らすことよりも，トンネルなどで発生する音や，編成最後尾でのカルマン渦の発生を抑えるなどの条件で設計されている。(東京駅にて。)

間の隙間を車体断面と一致させるように平滑な外幌をつけたりするようになった〈図6.6〉。

とはいえ，現在の新幹線電車の先頭形状は，空気抵抗よりも進行時に生じる音を意識してデザインされている。日本では人口密集地帯でも高速走行するため，先頭部で発生する騒音が問題視される。とくにトンネルでは，列車によって内部の空気が急速に圧縮され，それがトンネル出口で爆発音として聞こえる現象が発生し，"トンネルドン"とよばれている。これが騒音公害として意識され，その対策として列車がトンネルに突入するときに内部の気圧変化が滑らかになるよう，先頭の形状がデザインされている。最新の新幹線電車であるN700系やE5系の先頭の形状は，このような点を配慮して，空気力学的解析に基づいて決定されたものなのである〈図6.7〉。

途中下車　カルマン渦 [Karman vortex]

不適当な形状の物体の周囲に流れがあり，その速度が一定の範囲内にある場合には，物体の後方に左右交互に渦が発生する。これをカルマン渦とよぶ。渦の有無によって物体が流れから受ける圧力が変わるため，カルマン渦が生じると車体は左右交互に周期的に引っ張られることになり，乗り心地がきわめて悪化する。同じ流速でも物体の後面形状が変わるとカルマン渦の発生を抑制することができるので，300 km/h 超の高速で運転される列車では，車体設計時にそのことも考慮されるようになってきた。

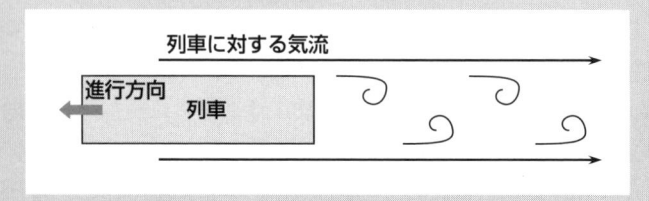

7
曲線の線路

JR四国8000系振子式特急電車。カントで設定された速度より高速で曲線を通過しても乗り心地が悪化しないように遠心力で車体を傾けるようになっている。このため，台車には車体支持用の円弧状のレールの端が見える。コロは用いていないが力学的には同じ構造である。（岡山駅にて。）

- 蒸気機関車のしくみ
- 抵抗制御式電車のしくみ
- 交流電化と VVVF 電車
- 気動車のしくみ
- 鉄道車両の制動
- 鉄道車両の走行抵抗
- **曲線の線路**
- 登りと下り―勾配を克服する
- 列車運行と信号
- 橋梁とトンネル
- 切符と自動改札のしくみ

曲がったことは大嫌い
— 鉄道線路の曲線 —

　慣性の法則がある以上，交通機関は始発点から終着点まで直線で進むのが理想である。しかし，現実にはそうはいかない。鉄道の場合だと2地点だけを直結するのは非効率であり，ある程度以上の交通需要がある中間の町を経て線路を敷設するのは当然である。また，建設経費を考えると，トンネルを掘ったり橋を架けたりするのも限度があるから，地形に応じて適宜，直線から外れたルートを選定せざるをえない。ルートの途中に人口密集地帯がある場合には，そこを立ち退かせて直線の線路を設定するのも非現実的だ。

　このようにさまざまな条件から，現実に敷設される線路は曲線にならざるをえない。とくに，初期に建設された路線ほど土木工事の技術も劣り，トンネルと勾配を極度に嫌う蒸気機関車の使用を前提としているので，曲線が多くなる。たとえば，日本国内の最長直線区間は，室蘭本線白老-沼ノ端の間の28.7 km，世界最長はオーストラリアのナラボー平原の478 kmであるが，これらが話題になるということは，ほとんどの路線にはいたるところに曲線が存在するということだ。

　鉄道路線の曲線は，一般に円弧として敷設されている。線路の端を注意深く見ていると，300とか2500とか書かれた小さな白い三角柱がある。これは線路の円弧部分の出入り口を示す標識で，曲線標という。書かれている数値は，円弧の半径をメートル単位で示したものである〈図7.1〉。

　ここを通過するさいには列車は当然，円運動をすることになり，速度が一定ならば，半径に応じた力を線路から受ける。円に接する直線で線路を構成すると，速度としては連続になるが，加速度では接合点の前後で不連続となり，受ける力もこの点を境に急変することになる。これでは乗り心地の面でも安全性の面でも不適切なので，実際の鉄道線路ではごく低速で通過する路線を除き，加速度が連続的に増加するように，円と直線との間に次第に曲率が大きくなる曲線線路が挿入されている。これを緩和曲線とよぶ。

　円弧部分を通過している車両はレールによって円運動を強制されるわけだ

〈図7.1〉曲線標
線路端にはさまざまな標識があるが，ここに写っている"305"と書かれた白い柱状のものが曲線標である．平面図で見た線路が円弧を描く両端に設置される．数字はメートル単位での円の半径で，裏面にはこの部分の線路を整備するさいに必要な数値情報が記載されている．（京王電鉄聖蹟桜ヶ丘駅にて．）

が，この反作用としてレールは車両から力を受ける．これをレール横圧とよぶ．同じ質量の列車ならば，曲線半径が小さいほど，通過速度が大きいほど横圧は増える．実際にはさまざまな理由によって，円運動にともなう単純な力よりもずっと大きな横圧が発生する．これが線路を傷めることになるが，その原因についての物理学的な解析は不完全で，経験的・実験的な理解しか得られていない．

内外格差をなくせ
── 踏面形状とフランジ ──

鉄道用の車輪には，踏面の内側に縁がついている．これをフランジという．フランジは車輪がレールを踏み外さないための物理的ガードになっているわけだ

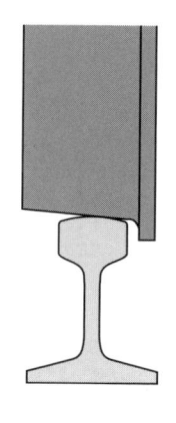

〈図7.2〉車輪の踏面
鉄道車両の車輪の踏面は円錐状になっていて，レールに触れているのは1点である。

が，曲線通過時には，フランジが機能するよりも前に，車輪の踏面の形状が曲線を滑らかに進むことができるようにつくられているのである。

　通常の鉄道用の車輪は左右が1本の車軸に固定されており，左右の回転速度はつねに等しい。このため，左右の車輪の直径が等しければ，車軸と直交する方向に進むのがもっとも抵抗が少ない。これは直線を進む場合には都合がよいが，曲線通過には不都合である。車輪の踏面をくわしく見ると，円筒状ではなく車軸端に向かってわずかながら細くなっていることがわかる。これが脱線防止に役立っているのである〈図7.2〉。

　曲線にさしかかると，車輪は直線運動を続けようとするが，レールが曲がっているために結果として，左右の車輪はともに曲線の外側に寄ることになる。曲線通過時であれば，遠心力で外側に押しつけられると表現してもよいだろう。このため，外側の車輪は車軸の内側寄りで，内側の車輪は車軸の外側寄りでレールに接することになる。踏面が円錐状になっているので，外側の車輪径は実質的に大きくなり，内側は小さくなる。したがって，同一回転速度であっても外側のほうがレールに接する線速度が大きくなり，定性的にはカーブを描く動きと合致する〈図7.3〉。

　この形状は直線進行の場合にも都合がよい。車体にはさまざまな力が働くため，現実には直線路であっても車体の進行方向が曲げられる可能性がある。こ

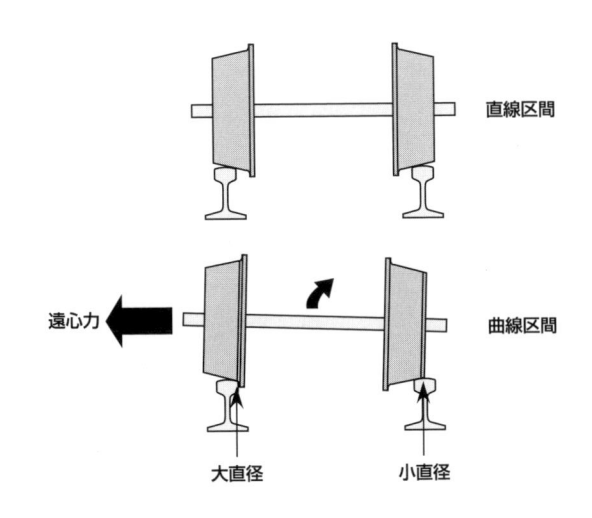

〈図7.3〉曲線区間の通過
曲線区間では進行方向とレールが延びている方向とが異なるため，左右の車輪はともに曲線の外側に寄ることになる．踏面が円錐状になっているので，外側の車輪径は実質的に大きくなり，内側は小さくなる．この結果，車軸が進む方向はレールが延びている方向へと転向することになる．

のとき踏面が円錐状であれば，曲線の場合と同じ機構で，線路中心が伸びる方向に車輪の進行方向が戻される．重力の効果と相まって，線路に沿った直線運動が安定平衡点となるような機構となっているわけである．

　ところで，一般に，安定平衡点の周囲では振動が発生しやすい．直線区間の走行でもこれが起こり，結果として車輪が線路を中心として蛇行することになる．踏面の形状が不適切で，蛇行運動に対応する振動の減衰が少なければ，振幅は発散する．こうなると脱線の危険が生じる〈図7.4〉．

　さまざまな曲線を任意の速度で通過できるような車輪の断面形状は，単純な円錐とはならない．蛇行も振幅が発散しないようにする必要がある．このため，実際の車輪踏面形状はレール頭部の形状とともに，複雑なものとなっている．実際，東海道新幹線の実現には，高速時の蛇行動の抑制の研究が必須であった

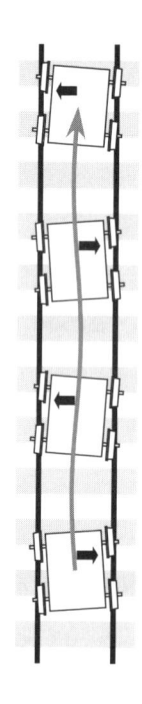

〈図7.4〉蛇行運動
直線区間でも進行方向がずれると踏面形状のおかげで進行方向が修正され，車輪は蛇行しながらレールに沿った方向に導かれることになる。しかしながら，この振動が成長すると，かえって脱線の原因となる。

といわれており，在来線とは異なる踏面形状の車輪が用いられている。

このような工夫がされていても，内外の線速度差が踏面形状の機構で吸収できない場合もある。このときには，どちらかの車輪が滑ったり，フランジがレールに接したりすることになる。電車が急カーブを通過するさいに，ときどき"ツツーッ"とか"ゴゴゴゴ"とかいう音がするのはこのためである。

ちなみに，線速度差はレールの間隔（軌間）が広いほど大きくなる。したがって，軌間が狭い狭軌のほうが急曲線を通過しやすい。日本の鉄道が狭軌となった理由は，じつはここにあるという話がある。明治初期，日本の物流量を過小評価したことのほかに，イギリスよりもはるかに山がちな地形なので，建設費を抑えるため急曲線を多用する必要ありと予想して狭軌を採用したという説である。歴史的事実はともかく，それなりの説得力がある説といえよう。とはいえ，日本の場合には，実際に急曲線を多用する路面電車にむしろ国際標準軌が

〈図7.5〉国際標準軌の京浜急行線（左）と狭軌のJR在来線（右）

車体幅はどちらもほぼ同じなので，それと比べると軌間が驚くほど異なることに気づく。国際標準軌は1435 mm，JR在来線は1067 mmなので，30％も幅が違うことになる。京浜急行は発足時に路面電車の法律に基づいて建設が許可されたため，旧国鉄とは異なる軌間で敷設できたのである。（羽田空港駅および東京駅にて。）

多い*1のは歴史の皮肉といえようか〈図7.5〉。

これとはまったく別の方法で内外輪の速度差を吸収する技術も，海外では利用されている。スペインで実用化されたタルゴ式列車である。

短い車体の後端に車軸を固定し，前端を水平回転可能な形で前隣車両の後端に乗せた長い列車をつくったとしよう。こうすると，直線でも曲線でも前の車両との相対位置の関係で，車体は自動的に転向するので，左右両輪を車軸で結ばなくても直進性が確保できる。このため，内外輪の線速度の差も回転数の違

---

*1 鉄道敷設に関連する日本の戦前の法律と行政指導では，車両（主として貨車）の直通を考慮して，路面電車以外は原則として鉄道省線の軌間である1067 mm（3フィート6インチ）とする制限があった。路面電車はこれに基づいていないため，各地で異なる軌間が採用され，1067 mm以外に国際標準軌（1435 mm＝4フィート8.5インチ）や1372 mm（4フィート6インチ）で敷設されたものが多数ある。

いで吸収でき，急曲線の通過性能がより向上するのである。先頭車の前端だけはうまくいかないが，編成全体としては車軸数が著しく少なく，走行特性がよい鉄道車両とすることができる。スペインの在来線は国際標準軌よりも軌間が広いのに，地形の関係で急曲線が多いので，開発されたそうである。

当初は進行方向が固定される不便があったが，機械式のリンクによって進行方向に応じて車軸を固定する車体を前後に切り換える機構が開発され，現在のタルゴ列車はどちら方向にもうまく走行できる。

曲線を感じさせるな
― カントと振り子 ―

車輪がレールに追従して進むとしても，レール横圧だけで，高速移動する何トンもの鉄道車両の進行方向を転向させるには限界がある。列車が高速で通過する曲線の線路をよく見ると，外側のレールのほうが内側のレールより高くなっている。道路では，この高低差をバンクとよぶが，鉄道ではカントとよぶ。列車がカントにさしかかると車体が傾き，重力の分力が曲線の内側を向くことになる。これが列車の転向力として働くため，レール横圧を軽減することができ，かなり急曲線の線路でも実用的な速度で通過することができる〈図7.6〉。

しかしながら，必要な転向力は通過速度の関数であるから，特定の速度以外で通過するさいには，カントによる転向力に過不足が生じる。とくに，なんらかの理由で停車することになると，たんに斜面に止まっていることになるので，カントが大きすぎると列車は横転してしまう。このため，カント量には実用上限があり，それに対応して通過速度が制限される。

鉄道にかぎらず交通機関では，つねに速度の向上が課題となる。そのさいに問題となるのが，この曲線での制限速度である。本質的な解決は線路をつけ替えて直線的にすることだが，それに必要な経費は非現実的になる場合も多い。

現実的な解決策の1つは，車両を低重心化し，横転しにくくしたうえでカントを増すことである。また，軸重が減れば車軸あたりの質量が減るので，より小さな転向力でもカーブを通過できる。日本国鉄は1960年代後半に特急・急行列車の電車化・気動車化を推進しスピードアップを果たしたが，これには軽

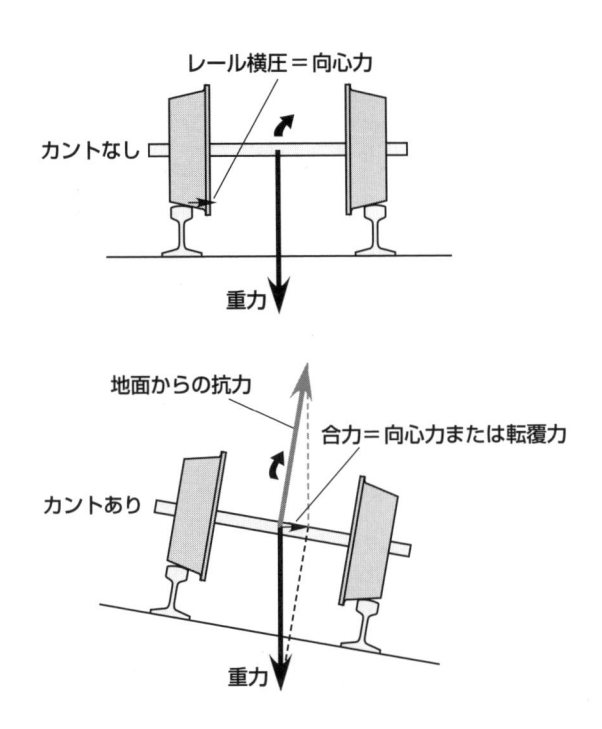

〈図7.6〉カントの効果
曲線部で線路にカントを与えると，左右のレールの高低差で生じる重力の分力が向心力となるため，レールに対する横圧を軽減することができる．しかしながら，曲線通過速度が小さすぎると，この力が列車を横転させる力となってしまうため，実用的なカント量には限界がある．

軸重化による曲線通過許容速度の向上の効果も大きかった．

ところで，曲線通過の向心力は，それに対応する慣性力を車内に生じることになり，横Gに代表される乗り心地の悪化を招く．自動車と異なり，鉄道ではこれを非常に気にしており，国鉄が経験に基づいて示した値$0.08G$，すなわち$0.78 \mathrm{~m/s^2}$がいまでもその基準となっている．この限界は，レール横圧による安全限界よりもずっと厳しい．したがって，乗客が乗る部分だけ横Gを減らせば，曲線通過速度を向上させる余地がある．これを実現したのが，振り子式と

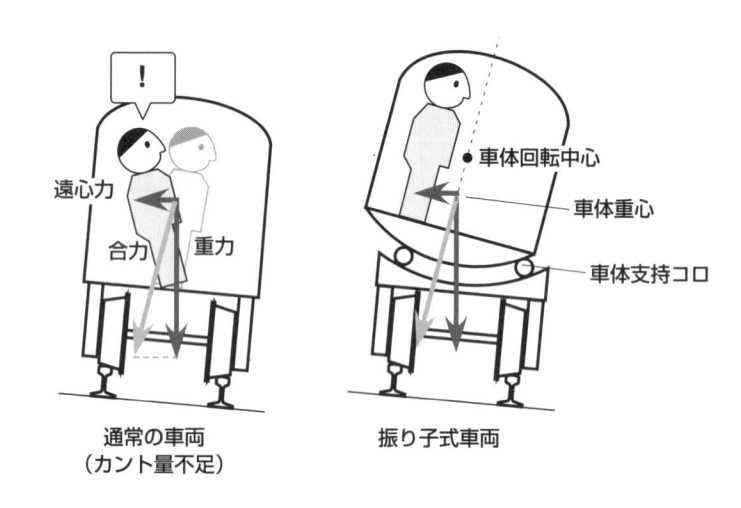

〈図7.7〉振り子式車両のしくみ
車体の支持部を円弧としコロで支えるなどの方法で車体の回転中心を車体重心より高くすると、車体は遠心力に応じて回転するので、原理的には床面は常に重力と遠心力の合力方向と直交する。このため、乗客に横方向の慣性力を感じさせずに曲線を通過できる。

車体傾斜式の車両である。

　振り子式は車体の実質的な支持点を重心より高くし、車体が遠心力に応答して自然に傾くようにつくった鉄道車両である〈図7.7〉。国鉄381系電車が世界で初めて実用化した。ただし、実際には摩擦のために車体の応答が遅れ、これが不要な慣性力を生み、"酔いやすい車両"となってしまった。このため、応答遅れを空気圧などで補正する"制御つき自然振り子"が開発され、現在ではJR各社でさまざまな振り子式車両が走っている。

　制御技術の信頼性が向上すると、さらに進んで強制的に車体を傾斜させる方式も実用化された。N700系新幹線や名古屋鉄道2000系、小田急50000系VSEなどで採用されている。海外では、イタリア国鉄ETR450以降のペンドリーノやスウェーデン国鉄のX2000がこの方式である〈図7.8〉。

〈図7.8〉シザルピーノで使用されているETR470型電車
ヨーロッパの振り子列車には複数の技術的系譜があるが、その1つはイタリア国鉄に起源がある。これもその1つ。山がちな国土に19世紀の技術で路線が建設されたという点で、日本との共通性があり、それが振り子列車開発の双璧となったという見方もできよう。(チューリッヒ中央駅にて。)

横車は押すな
— ボギー車と操舵台車 —

しかしながら、振り子式でも車体傾斜式でもレール横圧を減らすわけではないので、曲線通過速度の向上には限界がある。そこで、レール横圧を極力軽減する工夫も必要となる。

余分なレール横圧の発生原因を物理学的に説明するのは著者の能力を超えているが、車軸とレールが直交していないと大きくなることが知られている。車軸とレールの直角からのずれをアタック角とよぶ。アタック角が大きいと、

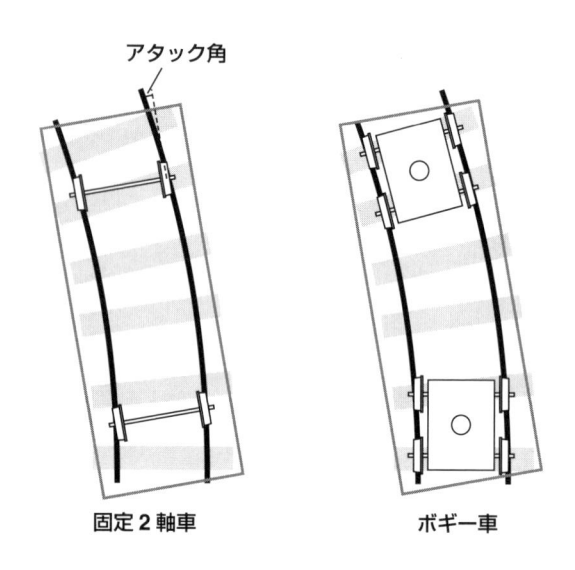

〈図7.9〉2軸車とボギー車
同じ車長の車両が同じ曲線を通過する場合でも，軸距が短い台車を用いたボギー車の方が，軸距が長くなってしまう2軸車よりアタック角が小さくなり，曲線が通過しやすくなる。

レール横圧ばかりでなく曲線通過時の走行抵抗も大きくなる。

　アタック角を小さくするための最初の技術がボギーである。初期の鉄道車両は1両に2つの車軸をとりつけ，それぞれが車体に固定されていた。これを4輪単車あるいは2軸車という。短い車両では同じ輸送力に対して車軸数が増え摩擦もむだも多くなるため，次第に車長が長い車両に置き換えられるようになる。しかし，車長が長いと車軸の間隔（軸距という）が大きくなり，同じ曲線でもアタック角が大きくなってしまう。

　そこで，長い車体の下に短い軸距の"小型車両"を2台とりつけ，それぞれを車体に対して自由に水平回転できるようにすれば，アタック角を小さくすることができる。この"小型車両"を台車といい，1つの車体に2つ（以上）の台車をとりつけた車両をボギー車とよぶ〈図7.9〉。

なお，ボギー車は1830年代の米国で急速に普及したが，このときの目的はレール横圧よりも，走行抵抗の軽減に主眼があったといわれている．

　ボギー台車もそれ自体は2軸車だから，アタック角はゼロにはならない．そこで，曲線通過にさいして軸受けの実効的な位置を変え，1本ずつの車軸の方向を曲線半径に応じて変えれば，アタック角をゼロにし，レール横圧を極限まで下げることができる．これが操舵台車である．JR北海道のキハ283系では，機械的なリンクにより台車と車体がなす角に応じて軸箱を直接移動させる方式が採用され，JR東海の383系電車では，軸箱の前後移動の拘束力を調整することで受動的に移動させる方式が採用されている．

駅と郵便局

日本の国鉄が民営化されて久しいが，鉄道と並び，ヨーロッパ各国の多くが政府直営事業としていたのが郵便である。どちらも国内の交通・通信の根幹をなし，システムを効率的に構築・運用するには全国統一体制が必要だからである。外国企業家に翻弄されては，自国の安全保障にも影響するとの恐れも，鉄道と郵便を国営としてきた理由であろう。

ところで，両者はほかにも密接な関係がある。現在の国内郵便はトラックと航空機でほとんどが運ばれているが，1970年代までは鉄道輸送が中心だった。長距離列車の多くには郵便車が連結され，地方ローカル線でも合造車による郵便輸送がなされていた。電車や気動車の郵便車もつくられた。

国鉄の車両は原則として国鉄の所有であったが，合造車以外の郵便車は郵政省が所有していた。単純に郵便物を輸送するだけの郵便車（護送便）のほか，車内で配達先の整理を行うもの（取扱便）もあった。

郵便車で輸送される郵便物は大きな郵便局を通じて受け渡しされていたので，主要都市の大きな郵便局はほぼすべてが駅前にあった。

東京中央郵便局は東京駅丸の内南口前に，横浜中央郵便局は横浜駅東口西寄りに，京都中央郵便局は京都駅塩小路口西寄りに，鹿児島中央郵便局は鹿児島中央駅東口北寄りにある。広島駅南口西寄りにある広島東郵便局は以前は広島中央郵便局とよばれていたし，名古屋中央郵便局は2000年までは名古屋駅桜通口北側に，大阪中央郵便局は2009年までは大阪駅南口西寄りにあった。

これらの郵便局は東京を除いたすべてが線路に対して旧市街側で，東京からの列車の先頭寄りである。国鉄時代には郵便車の連結位置は決まっており，東海道・山陽・鹿児島線では下り列車先頭寄りだったのだ。ほかの例まで調べてはいないが，郵便物を移動する都合を考えればもっとも合理的な場所に建っていることがわかる。

とはいえ，駅前の一等地に郵便局を設置するのは大事業だ。時の政府はどのようにしてこれらの土地を確保したのだろうか。じつは，昔は市街地が小さく，駅は街外れにつくられているのだ。古地図を見る機会があれば，自分の目で確かめてみてほしい。

8

登りと下り
──勾配を克服する

- 蒸気機関車のしくみ
- 抵抗制御式電車のしくみ
- 交流電化と VVVF 電車
- 気動車のしくみ
- 鉄道車両の制動
- 鉄道車両の走行抵抗
- 曲線の線路
- **● 登りと下り──勾配を克服する**
- 列車運行と信号
- 橋梁とトンネル
- 切符と自動改札のしくみ

スイスのピラタス登山鉄道。自力で登る鉄道としては世界でもっとも急勾配の路線で,アルプナハシュタット駅からピラタス山頂を結ぶ。一見,ケーブルカーのようだが,架線から得た電力でモーターを回して登り,電気ブレーキで下山する。この急勾配を克服するために世界で唯一,ロッハー式ラックレールを用いている。

斜面でも滑らず
― 勾配で加わる力 ―

実際の線路には曲線が多いが，それと同じ程度に多いのが勾配である。完全に水平な土地はほとんどないうえに，出発地と到着地とで海抜が異なれば，その間には必然的に勾配が生じることになる。

鉄道の勾配は，水平距離に対する高低差を分数または千分率で表す。この値は，斜面と水平面がなす角をθとすると，$\tan \theta$のことである。千分率とは1000に対する比のことで，その単位を‰（パーミル）という〈図8.1〉。日本国鉄では長らく碓氷峠の66.7‰が最急勾配であったが，長野新幹線開通にともなう同区間の廃止で現在のJR線最急勾配は飯田線の40‰である。私鉄では特殊な線路を用いているものを除くと，箱根登山鉄道の80‰が最急勾配となる。80‰ = 80/1000だから，この勾配では$\theta = 4.6°$となる。日本の幹線鉄道は10‰を越えると急勾配として扱われるが，25‰の勾配も随所に存在する。

鉄のレールを鉄の車輪で走る場合，駆動力は両者の最大静止摩擦力が限界となる。水平面ならば軸重は車両の重さで決まり，駆動力はすべて加速する力となるが，斜面だと状況が変わる。

斜面での力のつり合いは力学の問題の定番だ。力はベクトル量なので，2つの方向の力の和に分解して扱うことができるというのがポイントである。加重fに対して斜面に沿った方向の力は$f \sin \theta$，垂直方向の力は$f \cos \theta$となる〈図8.2〉。

θが小さいときは$\cos \theta$がほとんど1なのでfと$f \cos \theta$はほとんど同じ値である。たとえば，80‰という超急勾配でも，$\cos \theta$は0.997なので0.3%しか減らない。したがって，通常の鉄道ならば勾配による軸重の軽減は考慮しなくても問題にならない。

一方，斜面に沿った方向の力は勾配に応じて着実に増える。10‰の勾配でも荷重の0.01，25‰なら0.025の力が斜面を滑り落ちる方向に加わる。たとえば，軸重16トンのD52型蒸気機関車ならば，重力加速度を$9.8 \mathrm{~m~s}^{-2}$として線路に加わる荷重は1軸あたり15.6 kNとなる。したがって，25‰勾配を登るさいに

〈図 8.1〉勾配標

線路際の標識の1つである勾配標。勾配が変わる地点にあり、付け根から出ている腕木の先が上がっていれば昇り勾配、下がっていれば下り勾配で、数字は‰単位で示した勾配。写真では30‰下り勾配ということ、黒く塗ってある腕木の裏面には反対方向からみた勾配が記されている。水平の場合は腕木が水平となり勾配の数値0の代わりに文字"L"が記されている。

は機関車だけでも1軸あたり0.4 kNほどの力が斜面を滑り落ちる方向に加わることになる。通常は客車や貨車を引いているので、これにさらに客車や貨車による力が加わることになる。この力より駆動力が強くないと坂を登れないし、制動力が強くなければ下り坂で停車できないことになる。

　この現象は、斜面を滑り落ちる力だけ駆動力が減少するとみなすこともできるし、勾配では列車の抵抗が増えるとみなすこともできる。鉄道用語としては、後者の考え方に基づいて、勾配抵抗とよぶことが多い。急勾配なほど、勾配抵

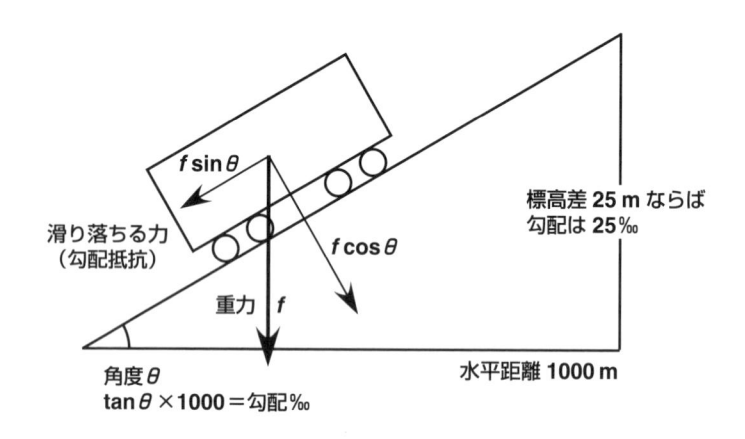

〈図8.2〉勾配での力のつり合い
鉄道では勾配の緩急は水平面に対する傾斜角θに対してtanθを分数または‰で表す。後者は，水平距離で1 km＝1000 m進むごとに何m上下するかの数値と一致する。

抗は大きくなり，同じ機関車でも牽引できる貨客車が減り，加速も大きくできない。電車や気動車だと，より大きな出力が必要で，編成中の動力車の割合を高くする必要がでてくる。

　一般に，列車は起動時に摩擦がもっとも大きくなる。たとえば，平軸受けを用いている列車だと，停止時には軸受けと軸とが接しているので，その静止摩擦力より大きな力を加えないと動き始めないが，動いてしまえば，摩擦は減る。一般に，動摩擦係数は静止摩擦係数より小さいからである。このため，登り勾配の途中で停止してしまった場合，ここから起動できるかどうかが確実に運行できる列車かどうかの分かれ目となる。機関車の場合，登り勾配でどれだけの貨客車を起動できるかを引き出し性能とよび，勾配線区で列車を設定するさいに重要な数値となっている。

　これを簡単に示すには牽引可能な貨客車の両数で示すのが便利だが，実際には1両ごとに重さなどが異なるため，単純な両数では不都合がある。そこで，重さ10トンを1両と数える慣例ができた。これを換算両数という。この値は，

積荷や乗客数によって変わるので，積車換算両数と空車換算両数がともに車体に記されている。

急がば回れ
― ループとスイッチバック ―

近年のようにトンネル掘削技術が進み，線路も電化されていれば，長大なトンネルをうがって，ほぼ水平の線路で山を越すこともできる。しかし，19世紀までは，できるだけ峠に迫るところまで線路を敷き，どうしても必要な場合に限って，できるだけ短いトンネルを掘るという路線設定がなされていた。

このため，峠越えには前後に勾配区間がつきものとなる。しかし，急勾配では軽い列車しか走らせることができないので，大きな輸送力が要求される幹線には不向きである。日本では横川－軽井沢間の66.7‰に続き，福島－米沢間を33.3‰で建設したものの，これでも幹線用としては急すぎることがわかり，以後，幹線はつねに25‰以下の勾配で建設されるようになった。

しかし，峠の前後は急傾斜地となっていることが多いので，要求された勾配で線路を敷くには，工夫が必要だ。そのような工夫の1つは峠のはるか手前から山肌に沿って少しずつ高度を上げていくように線路を敷くことである。人家もない山の中腹に延々と線路が延びているのはこのためである。

そのような余地がない場合には，螺旋階段のように同じ場所でぐるぐると回って高度を上げていく方法が考えられる。これがループ線である。上越線の清水トンネル前後や北陸本線敦賀付近のものが有名である。台湾の阿里山森林鉄道には1つの山の周囲を3周めぐるループ線があるし，スイスのベルニナ線にはレンガ橋で構成されるループ線がある〈図8.3〉。これらのいくつかはそれ自身が観光名所となっている。また，完全に1周せずともぐるっと遠回りして高度差を稼ぐ線路もあり，地図上の形状からΩループとよばれることがある。

ループ線を建設するには，都合がよい地形があるか，ループ状のトンネルを掘る必要がある。しかし，山間部の谷間から登る場合には，そのような地形に恵まれることはまれであり，ループ状のトンネルは建設が困難である。道路ならば日光いろは坂のようにつづら折りに建設することもできるが，線路は急

〈図8.3〉ループ線の例。ベルニナ線ブルジオのループ橋
くるりと1周することで距離を稼ぎ，妥当な勾配で必要な高低差を達成するのがループである。スイスのレーティッシュ鉄道は世界文化遺産にも指定されているが，そのベルニナ線には，このような一目でわかるループ線があり，名物となっている。(© Rhatische Bahn, Chur and Peter Donatsch)

カーブもつくりにくい。そこで，つづら折りの急カーブの代わりに折り返し線を設置したのがスイッチバックである。前後にジグザグに進みながら，制限された勾配の中で高度を上げていく。木次線の出雲坂根駅付近や豊肥線の立野駅付近にあるものが有名である〈図8.4〉。

ところで，日本の鉄道では，このような"ジグザグに進んで高さを稼ぐ"スイッチバックはそれほど多くない。大部分のスイッチバックは駅や信号場として勾配線から分岐してつくられたスイッチバックである〈図8.5〉。

先に述べたように，勾配があると列車の引き出し能力が著しく低下する。また，停車位置が急勾配だと停車中につねに強いブレーキをかけておかねばならず，安全面で問題となりうる。しかしながら，勾配が長く続く単線だと，列車をすれ違わせるために途中に駅や信号場をつくる必要が出てくる。そこで，急勾配となっている本線の途中に分岐を設け，駅の線路を山肌に沿って水平に敷

〈図8.4〉勾配を登るスイッチバック
立山砂防軌道にある，我が国最大規模の壮観な18段連続スイッチバック．土砂崩れ対策とその施設管理のために敷設された専用軌道で，特別なイベントに参加しない限り，一般客は乗車できない．（提供：宮田幸治氏）

くのである．このとき，駅への到着や出発時に急勾配の本線上での停車を避けるためには，駅だけでなく，対になる水平の線路も必要になる．この線路を引き上げ線とよぶ．

連続急勾配は下り坂でも問題となる．機械式ブレーキを使用する場合，下り坂で連続して動作させると制輪子などが発熱する．そして，著しい場合にはブレーキが動作しなくなる．とくに，輪心の周囲にタイヤとよばれる円環状の鋼鉄をはめ込んでつくられた車輪を用いている場合には，踏面ブレーキの熱でタイヤが熱膨張して外れかかるという事故が発生したのである．これを避けるためにも，適当な間隔ごとに駅で停車する必要があった．なお，電気ブレーキが実用化されると，この危険は原理的に回避されるようになった．この点でも電車のほうが勾配に強いといえる．

駅停車のためのスイッチバックは，以前は日本各地にあった．しかしいまでは，電車化によって列車の引き出し能力が著しく向上したため，運転が複雑なスイッチバックを廃し，急勾配の本線に直接，プラットホームを設置するように

改造された駅が多い。たとえば，中央本線の勝沼ぶどう郷，長坂，韮崎の各駅がそれで，いまでは勾配線にホームがつくられているが，よく観察するとスイッチバックの跡地が公園や駐車場などに転用されていることがわかる。

なお，平地なのに地図上ではスイッチバックになっている駅もあり，スイッ

〈図8.5〉駅のためのスイッチバック
左手前から右奥に通る登り勾配の本線から左奥と右手前に線路が分岐している。左奥の線路にはすれ違いのためにキハ31が停車中。右手前に延びるのが引き上げ線。同駅を通過する列車内から撮影。(土讃線坪尻駅にて。http://file.cl8.blog.shinobi.jp/IMG_7294.JPGより。)

チバック駅に含める場合もある．これらは，路線建設の経緯や都心部との位置関係，既設の駅への併設の都合などが理由であって，勾配とはまったく関係がない．小田急電鉄江ノ島線藤沢駅や西武鉄道池袋線飯能駅などがこれにあたる．

歯を食いしばってよじ登る
── ラックレールと登山鉄道 ──

起点と終点との間に著しい高低差がある場合，ループ線やスイッチバックでも勾配を十分には緩和できず，通常の線路では上り下りできないほどの急勾配とせざるを得ない場合がある．山頂付近が観光地で，ふもとから登ること自体が目的の登山鉄道がこれにあたる．このような場合，特殊な線路を用いることで急勾配を克服する例がある．これがラックレール式線路である〈図8.6〉．鉄道普及期に山岳観光が盛んになったスイスで多用されている．

日本ではアプト式が有名だが，スイスではむしろほかの方式のほうが多数派である．いずれの方式でも2本のレールの間に歯を刻んだレールを1本並べ，これに機関車やブレーキ用の車両の歯車を嚙み合わせて粘着力の不足を補うという原理である．鉄輪と鉄レールとの摩擦力が疑問視されていたトレビシック以前の時代にも歯付きレールと歯車を組み合わせた蒸気機関車がつくられたことがあるが，原理的にはそれの再来ということもできよう．

シュトループ式とリッゲンバッハ式は1列のラックレールに平凡な平歯車を嚙み合わせて登る方式である．ラックレールを1本の鋼材から切り出すのがシュトループ式，2本の細長い鋼板の間にはしご状に鋼棒を差し込んだのがリッゲンバッハ式である．もっとも単純なラックレール式線路なので，スイスではもっとも採用例が多い．

平歯車は歯を1つ送るごとに嚙み合わせの状況が微妙に変わるので，力が均等に伝わりにくく，わずかな食い違いで嚙み合わせが外れる可能性がある．これを避けたのがアプト式である．アプト式では2〜3枚のラックレールが歯の刻みの1/2ないし1/3ずつずれて平行に設置されており，これと嚙み合うように2〜3枚の平歯車が貼り合わされたような歯車が車両に装備されている．こ

シュトループ式
フォンロール式

リッゲンバッハ式

アプト式（2枚）

ロッヒャー式

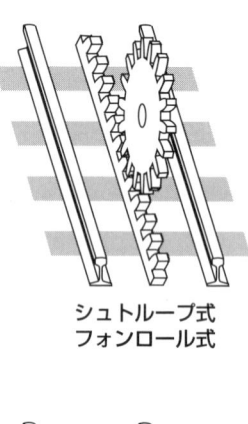

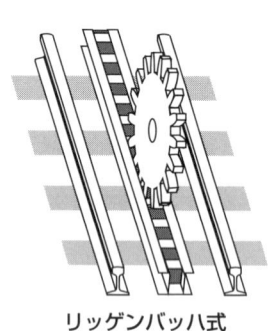

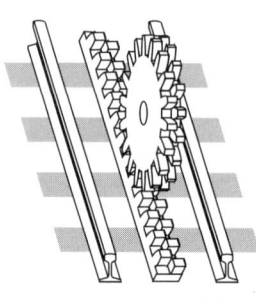

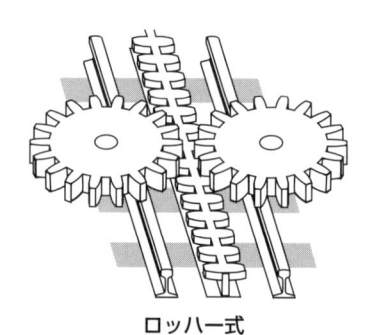

〈図8.6〉ラックレール
ラックレール式鉄道のさまざまな方式。上面に歯を刻んだレール1列を用いるのが，シュトループ式（ラックレールの断面形状がレール形のもののみをさすとする場合もあり，その場合，断面形状が長方形のものは，フォンロール式とよぶ）とリッゲンバッハ式である。この2つはラックレールのつくり方だけが異なり，同じ路線で区間ごとで混用されている鉄道もある。これに対して2〜3列のラックレールを対応する位相差で配置したのがアプト式である。より急勾配に対応するためにレール左右側面に歯を刻んだのがロッハー式（ロッヒャー式と表記することもある）で，ピラタス登山鉄道でのみ使用されている。いずれも各方式の発明者の名前にちなむ。

れが発明された当時，ドイツに留学していた日本の技術者が急勾配線となってしまうことで行き詰まっていた横川－軽井沢間の建設を，新技術により廉価に建設できるとして導入したのが，この区間でアプト式が採用された理由である。しかし，保守に著しい手間がかかるうえに，必要な輸送量を賄えないことが判明し，ほかではほとんど採用されなかった。現在，大井川鐵道井川線でダム新設にともなう線路付け替え工事のさいに観光目的で導入されたものが鉄道としては日本で唯一のラックレール区間である。

　スイスでは1889年，それまでのラックレール鉄道より2倍近い急勾配の路線としてピラタス登山鉄道が建設されるさいに，新たな方式が採用された。勾配が450‰ともなると，$\cos \theta = 0.91$となり，軸重の軽減も無視できなくなる。軸重が減ると衝撃で瞬間的に軸重が0になる可能性があり，歯車が外れて列車は急勾配を滑り落ちてしまう危険があった。これを回避するために，車載歯車の回転軸をレールと垂直にした方式が採用されたのである。ロッハー式とよばれるこの方式では，中央のラックレールの両側面に歯が刻まれており，これを車載の歯車2個が挟むようにつくられている。ちなみに，ピラタス登山鉄道の最急勾配は480‰である。

　ラックレール式線路はラックレールと歯車が長期の使用で次第に摩耗することもあり，その噛み合わせを維持するように保守するには，大変な労力が必要である。また，分岐器が複雑化せざるを得ない。とくに，ロッハー式では通常の構造のポイントをつくることができず，線路ごとスライドするなど特殊なものが使われている。

　このため，より建設コストが廉価なロープウェイが実用化されると，以降はほとんど建設されることはなくなってしまった。

綱が頼りの登山家たち
― 鋼索鉄道と索道 ―

　ラックレールでも上り下りできないほどの急勾配や険しい地形を克服する鉄道が鋼索鉄道と索道である。

　鋼索鉄道はケーブルカーともよばれ，2本のレールは使うものの，レールも

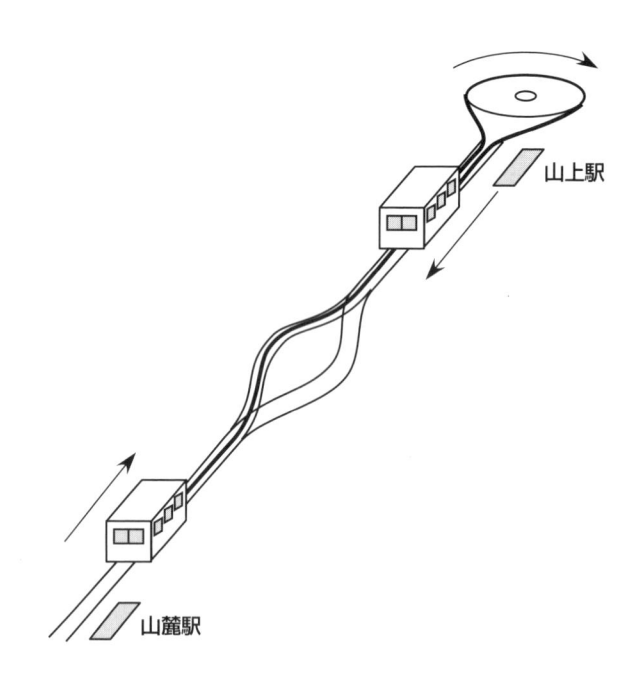

〈図8.7〉鋼索鉄道のしくみ
ほとんどの鋼索鉄道では、2つの車両をケーブルで結び、山上駅の滑車を介して駆動する。全体の重心はほとんど移動しないので最小のエネルギーで運転が可能である。また、すれ違いはつねに山上・山麓の中間点でしか起こらないので、そこだけが複線になっているものがほとんどで、車輪形状を工夫することで複線区間への分岐器に可動部がない。

車輪も駆動力には寄与しない。車体にはケーブルが取り付けられており、路線の山上側終点に設置された機械室にある巻き上げ機とつながっている。ほとんどのケーブルカーは2台が1組になっていて、両者は巻き上げ機の滑車を経て1本のケーブルでつながれている〈図8.7〉。この場合、ケーブル長は、路線長とほぼ等しくなっており、一方の車両が山上側終点にいるときは、もう一方の車両は山麓側終点にいるようになっている。2つの車両がほぼ等しい質量であれば、両者はつり合っており、車両が上下移動しても全体の力学的エネルギー

はほとんど変化しない。つまり，原理的には2台の質量差および摩擦に対応するだけのエネルギーだけでシステム全体を運転することができるのである。2台の車両はつねに中央でしかすれ違わないので，ごく初期のものを除けば，中央部のみが複線になっている。

じつは，鋼索鉄道の歴史は非常に古く，蒸気機関や電動機が利用される以前から使用されていた。ヨーロッパでは，山上に引いた水を山上駅でそこにいる車両に補給し，同時に山麓駅の車両からは排水することで，つねに山上駅を出発する車両のほうを重くし，動力源なしで運転できるケーブルカーが使用されていた。いくつかのものは現在もこの方式で運転されている。

蒸気機関車の信頼性が不十分だった時代にも，据え置き型蒸気機関と巻き上げ機を組み合わせたケーブルカーを普通の鉄道の代用や急勾配区間で利用しようという動きがあった。しかし，水平区間で使用するのは構造上難しいうえに，ケーブルの強度や重さの問題から延長に限界があり，大量輸送にも向いていない。このため，いまでは観光用の登山鉄道などでしか使用されていない。日本には比較的多数の鋼索鉄道があるが，もっとも急勾配なのは高尾山登山鉄道で608‰である。

なお，米国サンフランシスコのケーブルカーは，これとは少し異なるシステムを用いている。ここでは，道路下に動力によって循環運動しているケーブルがあり，それを車両に取り付けられた棒の先でつかみ車両を駆動する。これは，後述する循環式ロープウェイと似たしくみである。したがって，ケーブルの駆動力が足りる限り，2台以上の車両を同時に登坂させることも可能である。

地形が著しく険しいため，そもそも通常の線路を敷くことも不可能なところにつくられるのが索道である。ロープウェイともよばれるこの交通機関も鉄道に分類される。レールの代わりに1本または2本のロープが使われ，これに懸垂される形で搬器とよばれる"車体"がある。駆動は鋼索鉄道と同じくケーブルによる牽引である。鋼索鉄道同様，2台の搬器が路線長ほどのケーブルの両端につながれた相互式と，一方向に回転するロープで多数の搬器を牽引する循環式がある〈図8.8〉。循環式では，ほぼ等間隔に搬器が取り付けられているので，索道全体では登る搬器と下る搬器の数はつねにほぼ等しくなる。したがって，この場合も，運転に必要なエネルギーは最小限ですむ。

                              相互式   循環式

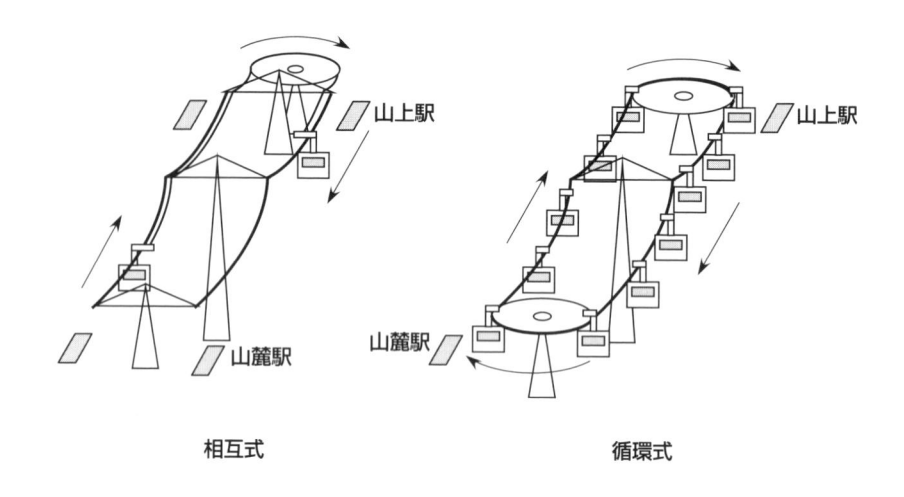

〈図8.8〉索道の2つの方式
鋼索鉄道と同様に，山上駅の滑車を介して2つの搬器をロープでつないで上下させる相互式と，環状になったロープに多数の搬器をつるして全体を回転させる循環式とがある。一般に，相互式の方が，搬器が大きい。ロープを線路に置き換えるなら，相互式は単線並列，循環式は複線に相当する。

　日本ではロープウェイとよばれるものは相互式が圧倒的に多いが，箱根ロープウェイは循環式である。スキー場などでよく見かけるゴンドラやリフト，鉱石運搬用ケーブルなども索道の一種であるが，こちらは逆に循環式が圧倒的に多い。

9

列車運行と信号

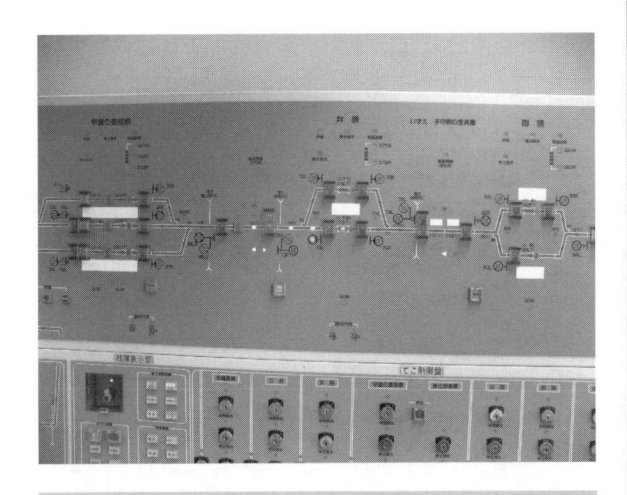

- 蒸気機関車のしくみ
- 抵抗制御式電車のしくみ
- 交流電化と VVVF 電車
- 気動車のしくみ
- 鉄道車両の制動
- 鉄道車両の走行抵抗
- 曲線の線路
- 登りと下り―勾配を克服する
- **列車運行と信号**
- 橋梁とトンネル
- 切符と自動改札のしくみ

井原鉄道の列車指令制御盤。本社社屋内の1室で，1路線全体の列車位置の把握，ポイント制御などを行っている。コンピューターによる，列車ダイヤに基づく自動制御機能ももつ。使用されている具体的な装置には最新技術が導入されており，旧国鉄が開発した初期のCTCからは大幅に改良されている。

いるかいないか
― 閉塞と軌道回路 ―

　鉄道車両は線路の上しか走れない。このため，1本の線路に複数の列車が走っている場合，相手のことを考えずに走ると衝突や追突の危険がある。鉄どうしの摩擦係数は小さく，大きな制動力を得るのが難しいことから予想できるように，鉄道車両の制動距離は自動車よりずっと長い。130 km/hで疾走している列車だと，最新型の特急電車が急ブレーキをかけても停止するまでに600 m近く進んでしまう。したがって，運転士の前方注視だけに頼って列車どうしの衝突を回避するのは危険すぎる。そこで，鉄道では初期の段階から，運転士に前方の安全を保証し伝えるための設備が使用されてきた。

　列車が進む線路にほかに列車がいなければ，追突や衝突は原理的に起こらない。これを実現するのが"閉塞"という概念である。1つの路線であっても，これを複数の区間に分割し，それぞれの区間内には1つの列車しか入れないようにするのである。では，1つの閉塞区間内に列車がいるかどうかを確実に知るには，どうしたらよいのだろうか？

　鉄道車両の車輪は車軸と一体の金属なので，左右のレールは電気的に接続されている。そこで左右のレール間に電圧をかけ，短絡しているか調べれば，該当区間に列車がいるかどうかを知ることができる。この検出回路を軌道回路とよぶ。まれに直流が用いられる場合もあるが，現在の軌道回路はほとんどが交流を用いている。電気鉄道では線路には動力用の電流も流れているが，直流電化の場合はもちろん，交流電化の場合でも，軌道回路に用いる周波数をうまく選べば，コンデンサーやコイルを使って回路を独立させることができる〈図9.1〉。

　コンデンサーは両端に同量異符号の電荷を蓄積する電気素子である。したがって，両極に一定電圧をかけると，ある程度の電荷量まで電流が流れた後，溜まった電荷による電圧が印加電圧に達して電流は止まる。つまり，直流だと事実上，電流は流れない。しかし，電荷が溜まったところで電圧が逆になれば，それを放出する間は逆方向に電流が流れる。したがって，周期的に電流方向が

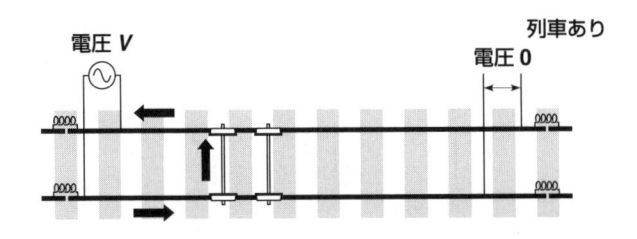

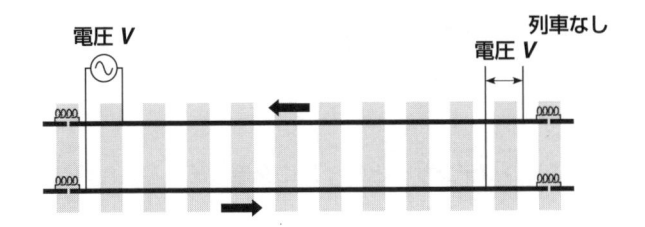

〈図9.1〉軌道回路の原理
車軸を通して左右のレールが短絡されているかどうかで，区間内に列車がいるかどうかを検知する。周波数の高い交流を信号用とし，閉塞区間の間をコイルなどのローパスフィルター（低い周波数の信号のみ透過するフィルターのこと。高周波カットフィルターと同意）で接続すれば，動力用の電流の接続を確保したまま，閉塞区間ごとに独立した回路を構成できる。電源が故障した場合には，列車がいる場合と同じ信号となるため，フェールセーフの面でも都合がよい。

逆転すれば，あたかもコンデンサーの極板間で電流が通じているかのようにみえる。つまり，交流ならコンデンサーを介して電流を実質的に通すことができるわけだ。

　コイルは電線がつながっているので，直流は問題なく流れる。しかし，通電している電流を変化させると，コイル内部の磁場が維持される向きに，つまり電流変化を阻止する方向に誘導起電力が発生する。このため，変化率が大きな電流，すなわち周波数が高い交流は，コイルをほとんど通過することができない〈図9.2〉。

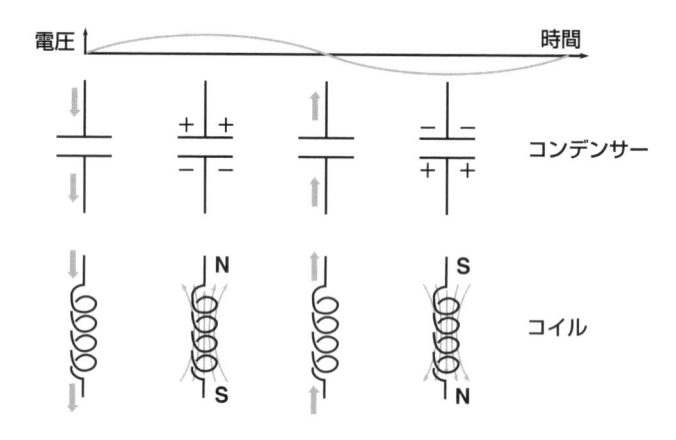

〈図9.2〉コンデンサーとコイルに交流電圧を加えた場合の反応

コンデンサーの両極に交流電圧を加えると，交流の半周期ごとに交互に電荷が溜まり，それに対応した電流が交互に流れる（上）。このため，実質的に交流に対して導通があることになる。溜まった電荷による電圧が実効的な電気抵抗になると考えると，その値は交流の周期（角振動数ω）とコンデンサーの電気容量Cで決まると推測でき，正弦波できちんと計算すると$|Z|=1/(\omega C)$となる。コイルに電流を通じると，交流の半周期ごとに交互に磁束が生じ，その変化に対応した誘導起電力が生じる（下）。このため，直流では導通していても，交流では発生した起電力が実効的な電気抵抗となる。その値は交流の周期（角振動数ω）とコイルの自己誘導係数（インダクタンス）Lで決まると推測でき，正弦波できちんと計算すると$|Z|=\omega L$となる。これらの効果を利用すると，コンデンサーとコイルとはともに周波数によって実効的な電気抵抗，すなわちインピーダンスが変わる素子として機能することがわかる。

　したがって，コンデンサーとコイルとを組み合わせれば，LC回路[*1]とよばれる周波数フィルターをつくることができ，周波数が大きく異なった複数の交流回路（1つは直流回路でもよい）が同じ電線に混在した回路を構成することが

＊1　コイルの自己誘導係数はL，コンデンサーの電気容量はCで表されるのが慣例であるため，これらを組み合わせてつくった回路をLC回路という。

できる。これを利用すれば，電化されている鉄道でも軌道回路を利用できるのである。

間違いなく詰めて
— 通票閉塞と色灯式信号機 —

閉塞区間の両端に駅を配置し，列車の通過を駅員が確認すれば，もっとも原始的な方法で閉塞を実現できる。閉塞区間への進入方向も判断に加えれば，列車事故の危険なく，1本の線路を双方向に用いることができる。このようにすれば列車本数が少ない場合なら，単線で双方向の列車運行が可能となるのである。実際，このような方法で，軌道回路が開発される前から，単線での列車運転が実行されていた。

しかし，人間の記憶力だけに頼っていたせいで重大事故が発生したことから，やがて専用の券や票を，閉塞区間に入るべき列車自体で輸送する方法が使われるようになった。これが通票閉塞の原型である。さまざまな券や票が用いられているが，日本の旧国鉄で多用されたのは金属製の専用票で，これをタブレットとよぶ。金属票単体では取り扱いが不便なため，通常は革製の専用鞄に入れて使用されていた。鞄の形状が独特なので，鞄自体をタブレットとよぶ人がいるが，厳密には誤用である〈図9.3〉。

交通需要が高まると，1方向に複数の列車を連続して走らせたり，両方向の列車数が一致しないような運転にも対応する必要が生じる。そこで，電信が発明されると，閉塞情報を電気信号で伝える方法が開発された。ただし，初期には送受信記録を電気的に残すことが困難だったため，通票も組み合わされることとなる。これが現在も使用されている通票閉塞である〈図9.4〉。

鉄道の駅は旅客の乗降や貨物の積み降ろしのために設置されるが，通票閉塞の時代までは閉塞区間の境界という，運転上の重要な役割も果たしていた。山間など利用客が見込めないところにも駅があるのはその名残りである。

1駅間が1閉塞である場合，原則として閉塞の入口となる駅ではすべての列車が停止するので，出発を抑止すれば閉塞への不当進入を防ぐことができる。そこで，閉塞用の票を手渡すのに加え，運転士に列車の停止・出発を指示する

信号機が設置されている。これが出発信号機である。列車が駅を発車するさいに運転士が口にする「出発進行」という台詞は、じつは「出発信号機の現示は進行」[*2]という意味なのである。

出発信号機は、初期に球形の標識の高低位置で示すものなどが使われた後、横木の角度で示す信号機が長く利用されてきた。これが腕木式信号機である〈図9.5〉。腕木が水平になっているときが進入禁止、つまり停止を意味し、斜め下方になっているときが進入許可、つまり進行の意味となっている。操作は駅からの金属ケーブルの機械的な引っ張りによっていたが、幾多の事故の経験により、ケーブル断線などの異常時には自動的に停止が示されるような機構が錘を利用してつくられた。

電気回路の信頼性が向上してくると保守費の面から、腕木式信号機は赤と緑の電球が明滅する信号機にとって代わられた。これを色灯式信号機とよぶ。腕木式信号機代替のものは赤と緑の2灯であり、この概念で閉塞が確保される路線ではいまでも2灯の信号機が使用されている。

駅には列車が長時間停車することが多い。したがって、駅構内は駅間とは独立した閉塞区間としたほうが都合がよい。これに対応して、駅間の本線から駅構内に進入してもよいかどうかを示す信号機も設置される。これが場内信号機で、腕木式信号機や色灯式信号機などが用いられる。

列車頻度が増えてくると、それに対応するために路線の複線化と閉塞区間長の短縮が行われる。軌道回路を用いて前方の閉塞区間への進入可否を自動判定し、信号機で示せば、1駅間に多数の閉塞区間を設置できる。駅間の閉塞区間は、前方の駅に近いほうから第1閉塞、第2閉塞などとよばれ、列車の進行にしたがって数値が1つずつ減ることになる。

とはいえ、列車停止距離より閉塞区間が短いと、追突は防げない。そこで、進入禁止を示す停止信号の手前に、進行速度が制限されている注意信号区間を設け、閉塞区間の入口にはその区間の状況を示す色灯式信号機が設置される。進入許可を示す進行信号は緑灯、速度制限つき進入許可を示す注意信号は黄灯、

[*2] 現示とは、信号機が現在示している信号の種類や内容のこと。

〈図9.3〉駅におけるタブレット交換の様子
通票閉塞区間では，必ず指定されたタブレットをもっていないと列車は閉塞区間に進入できない。このため，駅員からタブレットを受け取る必要があり，写真のように専用鞄に入れたタブレットが受け渡される。鞄本体は駅員がもっている側で，運転士がつかんでいる部分は環状の持ち手である。運転士は鞄からタブレットを取り出し，その形状を確認する。
（提供：鉄道博物館）

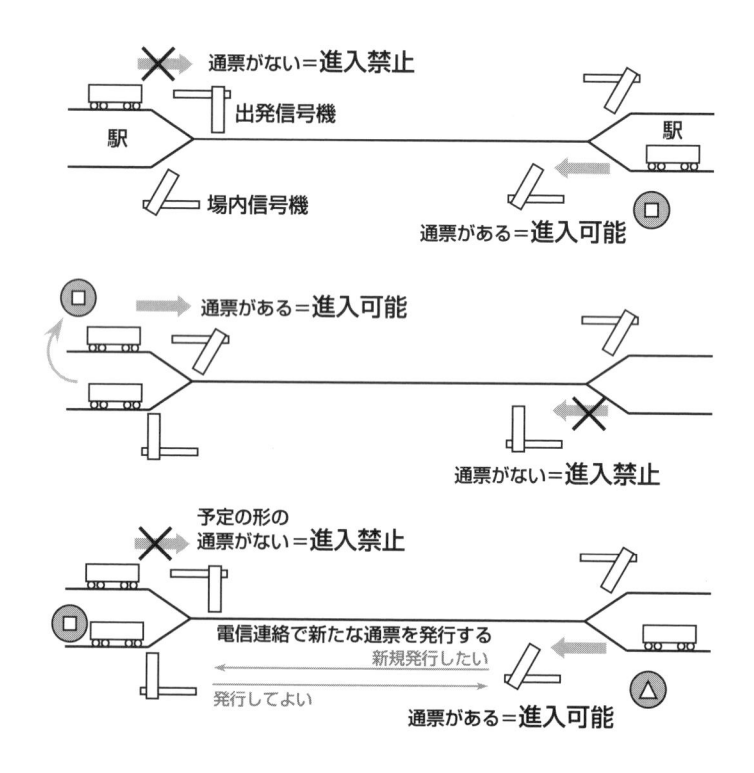

〈図9.4〉通票閉塞による単線での列車運行
2つの駅間に進入するさいに既定の券片や票を持参することを義務づければ，それらを保持していることによって閉塞が確保できる（上と中）。駅間で信頼性が確保された電気通信が可能になると，これを使って両駅がともに合意した場合に限って通票をとり出せるような箱をつくり，そこに通票を収納することで，誤認を最小限にして列車ダイヤの構成に柔軟性をもたせた方式が使用されるようになる。これだと正面衝突だけでなく，追突も防ぐことができる（下）。

進入禁止を示す停止信号は赤灯で示される。これがよく目にする3灯式信号機である。これでも閉塞区間長が長すぎる場合には，予告的閉塞区間の数を増やし，進入速度制限を段階的に設定する。停止信号と注意信号との間に置かれるのが警戒信号で，黄2灯点灯，注意信号と進行信号の間に置かれるのが減速信

〈図9.5〉腕木式信号機
腕木の傾き位置で進行と停止を現示する信号機で，写真の状態だと2つとも停止を意味する。根元側の丸窓には赤と緑（または黄）の色ガラスがはまっており，背後の白色灯の色が異なって見えるようになっていて，夜間の信号現示に対応している。この写真で上下2つの信号機の腕木の形が異なるのは，通行方法が異なる列車に対する現示を区別するためで，下のものは該当駅通過列車専用のもの。
（提供：鉄道博物館）

号で，黄緑各1灯点灯として示される。これらが現示される信号機は，4灯，5灯と信号灯の数が多くなっている〈図9.6〉。

　ほかにも，最高速度で運転される特急列車に限って，2つ先の閉塞区間が進行信号となっていることを示す高速進行信号（緑2灯点灯）が京成電鉄の成田スカイアクセス線で，進行信号と減速信号の中間を示す抑速信号（黄と緑1

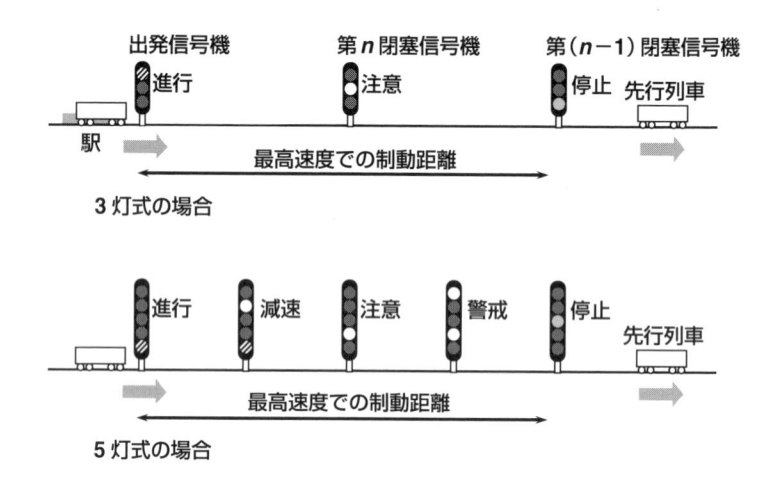

〈図9.6〉色灯式信号機と閉塞区間
1方向しか運転しない線路（たとえば複線の一方）ならば，軌道回路を用いた自動信号機で，駅間に閉塞区間を複数設定できる．先行列車がいる区間は停止信号として進入禁止とし，その1つ手前は注意信号として進行速度を制限すれば，最高速度での停止距離より閉塞区間長を短くでき，速度制限は加わるものの，より多くの列車を追突の心配なく走らせることができる（上）．路線によっては，進行速度制限を段階的にし，閉塞区間長をより短くした方式も採用されている（下）．ここでは左端が出発信号機の場合を示しているが，先行列車が先に進むにつれ，信号現示も右にずれていく（この図では緑灯を斜線，黄灯を白，赤灯を薄灰，消灯を濃灰で表している）．

灯ずつの点滅）が京浜急行電鉄や成田スカイアクセス線でそれぞれ使用されている[*3]．

　鉄道のなかでも，閉塞では安全確保が困難なのが路面電車である．自動車などが軌道内に進入するので，鉄道だけでは閉塞が確保できないからである．このため，路面電車は自動車と同じく運転士の前方注視に頼らざるをえず，速度

[*3] 閉塞と信号は安全運転の要なので，さまざまな理由で多種多様な方式が開発されており，ここに述べた以外の閉塞方法も広く使用されている．

制限を低くせざるをえない。ただし，自動車などが線路内に立ち入れない専用軌道ではほかの鉄道と同じ方法がとれるので，路面電車と同じ車両でも高速運転させることができる。こうして，都市中心部の路面区間と郊外の専用軌道区間とを直通する運転が行われている。日本では広島電鉄や富山ライトレールなどで実施され，海外ではドイツなどで盛んである。

そこがポイント
― 分岐器と進路を示す信号 ―

列車は線路が延びている方向にしか移動できない，自由度1次元の交通機関である。これを利用して，閉塞で安全運行が保証できるわけである。しかし，自由度が少ないので，自動車のようにすれ違いや追い抜きが自在にできない。列車の進路を変更したい地点に設置されているのが分岐器，すわなちポイントである。

鉄道以外の交通機関では，進路変更は基本的に個々の乗り物に乗っている運転手や操縦士が自ら操作するのが通例である。けれども，鉄道のポイントを切り換えるのは原則として地上係員であり，これがほかの交通機関との最大の相違点といえる。

では，列車運転士はポイントでの進行方向を知る必要がないのだろうか？もちろん，そんなことはない。列車の運行は事前に組まれたダイヤに従って時刻どおりに進むのが原則とはいえ，予定変更やなんらかの手違いが生じることはある。ポイントでは構造的にカントが設けられないので，曲線で分岐する側には強い速度制限があり，これを越えて通過しようとすると脱線転覆のおそれすらある。そこで，運転士に現在，開通している進路を示す必要がある。それにも信号機が利用される。主要なポイントであれば色灯式信号機が，転換頻度が少ないポイントでは列灯式信号機などが，さらに転換頻度が少ないポイントでは操作用のてこ一体になった信号機が使用される。

ポイントの切り換えは，使用頻度が著しく低いものだと線路脇で操作することもあるが，ほとんどは駅や信号所などから遠隔操作で行う。初期には金属棒やワイヤーなどによる機械的連動装置が用いられていたが，現在は電気や圧縮

〈図9.7〉かつてポイント切り換えの係員が詰めていた交差点脇の塔
現在の用途は不明だが，おそらくポイント制御機器の一部が収められているのであろう。（鹿児島市電高見馬場交差点にて。）

空気を用い，電気信号で操作するのがほとんどである。ポイントの開通方向を示す信号機は，初期の段階からポイント操作に連動して自動的に切り換わるようになっている。

　電気指令ならば，路線全体を1か所で制御することも可能である。これを実現したのがCTC（列車集中制御装置）である。軌道回路を用いた列車位置補足とも組み合わされ，司令室から路線全体の各列車の運行が一目でわかるようになったのである。新幹線での使用が有名だが，現在では日本中のほぼすべての路線がCTC化されている。さらに，CTCをコンピューターと組み合わせ，事前に計画されている列車ダイヤと連動させるシステムも開発されている。実際に製作するのに用いられる技術も更新され，最小限の人数でより安全・確実な列車運行が可能となった（p.109の章扉の写真も参照）。

路面電車ではポイント制御でも異なるシステムが利用されている。初期には線路際に建てた塔に詰めた係員が，やってくる電車を見てポイントを切り換えていた〈図9.7〉。現在の日本では，架線脇に設置した装置を電車の集電装置などで叩くことで地上に信号を送り，そのタイミングでポイントを切り換える方式などが多用されている。海外では運転士が運転台から無線操作などによってポイントを切り換えているところもある。

来た，見た，しまった
— そのときのためのATSとATC —

鉄道は列車ダイヤにしたがって運行しているので，よく考えられたダイヤどおりに運行している場合には，運転士が駅間で進行以外の信号現示を目にすることはめったにない。しかし，ダイヤどおりに運転できない場合こそ事故の危険性が高まっているわけで，信号の見落としは重大事故につながる。そこで，停止信号の見落としを車内に示すシステムが開発された。これがATS（automatic train stop，自動列車停止装置）[*4]である。

ATSにはいくつもの形式があるが，もっとも簡便なものは停止信号に接近したり，これを無視して進入したりすると警報を鳴らして，ブレーキをかけるものである。ローカル線などで，駅進入時に運転台でジリリリリとベルが鳴り，キンコンカンコンのくり返しが続くのを耳にした人もいるだろう。これはATSが正常動作しているさいの警報音である。

日本で最初に実用化されたATSは，東京地下鉄で用いられた機械式のものである。停止信号現示のさいに信号機直下の線路内で打子とよばれる棒が立ち上がり，暴進した列車の床下にある専用コックを叩いてブレーキ管圧力を落とすことで，非常ブレーキがかかるというしくみである。

2つのコイルを隣接させれば，両者を貫く磁束によって，2つのコイル間で交流電流を非接触で伝えることができる。これを利用して地上の信号機の情報

---

*4 ATSは日本独自の呼称。

〈図9.8〉新幹線で用いられているATC信号伝達用の地上ループアンテナ
列車のすぐ手前の線路内に設置されているものがそれ。専門的にはATC地上子とよばれる。（東京駅にて。）

を列車に伝達する方式が，日本では広く用いられている。軌道回路に流す交流に複数の周波数を用いることで，地上信号の情報を列車に伝える方式もある〈図9.8〉。

200 km/hを超える高速運転や列車密度が高い路線では，線路際の信号を確認するのが困難になり，多種の信号を識別するのも不可能となる。そこで，信号現示を制限速度そのものとし，これを運転台に示す車内信号機を用い，列車が制限速度を超過していると自動的にブレーキが動作するシステムが開発された。これがATC（automatic train control，自動列車制御装置）で，新幹線や山手線などで使用されている。列車に制限速度を指示できるので，閉塞区間によるものだけでなく，終点や曲線，ポイントによる制限速度も指示できる。初期には重点路線だけをATC化していたが，近年ではATSの機能の向上が進み，ATCと機能的には違いが少ないATSが使用されるようになっている〈図9.9〉。

⟨図9.9⟩ 車上信号機と地上信号機
左はJR東日本山手線を走るクハE231の車内信号機。速度計周囲に緑のLEDで制限速度が示されるようになっており，写真では「制限70 km/h信号」が現示されている。右は運転台から見た線路のようす。左を並走する湘南新宿ラインの線路には，赤信号が現示されている地上信号機があるが，山手線は車内信号機を用いるATCで運転されているため地上信号機がない。

コンピューターの機能と信頼性が向上すると，ATCをさらに進め，運転士の操作を必要とせずに列車を運転することも可能となる。これをATO（automatic train operation, 自動列車運転装置）とよび，ゆりかもめなどで使用されている。

ところで，閉塞の目的を思い返してみると，列車の進行にともなって閉塞区間を移動させても，目的は果たせることがわかる。これを移動閉塞という。さらに前方の列車までの距離に応じて連続的に制限速度を下げていけば，列車密度をより高めることができる。そのためには従来よりもずっと多様な信号を短時間で列車に伝える必要があるが，最新のデジタル通信技術の発達で，これが実現できるようになった。東海道新幹線や大手私鉄などで導入されつつある，デジタルATCやデジタルATSがこれである。使用している電気通信技術から"デジタル"とよばれるが，閉塞を連続的にするという意味ではむしろ，「既存の閉塞システムをアナログ化（連続的に）したもの」ということもできるだろう。

途中下車　東京駅とアムステルダム中央駅

2012年，東京駅丸の内口の駅舎が東京駅設置当時の外観へと復元される。工事前の姿は，戦後，応急修理した仮のものだったのだ。全体が3階建てになるほか，南口と北口の屋根の形が大きく変わる。

東京駅はオランダのアムステルダム中央駅をモデルにしたという俗説がある。両駅ともに赤れんがづくりで屋根の印象も似ているが，じつは東京駅は本来はドーム屋根で，アムステルダム中央駅とはまったく異なった姿をしている。専門家による調査でも，建築様式上の共通点がないそうだ。

ところで，ほとんどの大都市の駅は建設当時の街外れに位置するのに，両駅は当時からの都心にある。これはなぜなのだろうか。

鉄道開業時の東海道本線の始発駅は新橋，東北本線の始発駅は上野，中央本線は新宿であった。山手線でつながってはいたものの，東京市街地を大きく迂回しており不便である。そこで，都心を貫通して，これらを相互につなぐ計画が立てられた。都合がよいことに，武家屋敷が立ち退いた広大な空き地が丸の内にあった。近くには外濠が四ツ谷や新橋方面に延びている。これらを活用して建設されたのが東京駅とその周辺の線路である。開業時には中央停車場とよばれていた。

ヨーロッパでは多数の私鉄が拠点都市を始発として独立に線路を建設した。このため，日本の私鉄同様，各社の拠点都市の駅は行き止まり式（頭端式）となった。とくに，パリやロンドンではその数も多く，乗り換えがきわめて不便だ。たとえ1つの駅でも頭端式だと通過する列車はスイッチバックとなり，危険も多く能率も悪い。

アムステルダムでも都心を貫通して始発駅をつなぐ計画が立てられた。そして，駅も線路も旧市街地の北側に隣接する水路を埋め立ててつくられた。これがアムステルダム中央駅だ。こうした建設の目的や経緯をみると，確かに東京駅とアムステルダム中央駅とは似ている。

あの町では住民が反対で駅が街外れになったという俗説が全国的に多い。しかし，実際には鉄道側の事情で駅は街外れにあるのが普通だった。現在，街の中心に駅がある街は，街が広がった結果なのだ。いまの姿を前提にものごとを判断してはいけないということだ。こちらも専門家の調査結果が新書として市販されているので読んでみるとよいだろう。

10
橋梁とトンネル

- 蒸気機関車のしくみ
- 抵抗制御式電車のしくみ
- 交流電化と VVVF 電車
- 気動車のしくみ
- 鉄道車両の制動
- 鉄道車両の走行抵抗
- 曲線の線路
- 登りと下り―勾配を克服する
- 列車運行と信号
- **橋梁とトンネル**
- 切符と自動改札のしくみ

架け換え前の餘部橋梁。高いやぐらを建て，その頂上部に短い桁橋を連続して架ける，この形式の橋梁はトレッスル橋とよばれる。米国が得意とする形式で，この橋梁も米国製の鋼材を組み立ててつくられている。米国では木材で組んだトレッスル橋もあり，ティンバートレッスルとよばれる。

線路は続くよ，どこまでも
― 軌道の構造とレール ―

　鉄道の著しい特徴は，専用の交通路を自らの管理下で確保しているところにある。自動車には道路があるが，自動車の機能としては道路でない土地でも通行することが可能である。船舶は水面上であれば，原理的にはどこでも航行可能であり，航空機は大気中であれば原理的には自由に飛行できる。これに対して鉄道は，専用の地上設備に従った通路しか通行できない。この通路を通常は線路という。日本の法制上では，ロープウェイやモノレール，果てはトロリーバスも鉄道に含まれるが，通常の鉄道は2本のレールで1つの線路となる[*1]。

　レールは軌条ともよばれ，車輪を介して車両の荷重を最初に受ける部分である。レールの下には枕木がある。多くの線路では枕木の下に砂利が敷いてある。この砂利はバラストとよばれ，この部分やそれに対応する構造を道床という〈図10.1〉。レール，枕木，道床の全体を軌道とよぶ。軌道の構造をレールから順に見てみよう。

　現在の鉄道用レールは基本的に鋼鉄製だが，英国で鉄道が発明された頃には，錬鉄でつくられていた。錬鉄とは，炭素の含有量が少ない鉄で，軟鉄ともいわれる。それ以前に社会に広く流通していた鉄は，鋳鉄とよばれる炭素の含有量が多い鉄で，融点が低いために鋳物をつくるには適していたが，比較的小さな応力でひび割れたり折れたりする，もろい素材であった。これに対して錬鉄は変形に強く，大きな応力にも耐えられる。しかし，製造に手間がかかるため，ベッセマーなどにより鋼鉄の大量生産法が確立されると，錬鉄に代わって鋼鉄が使われるようになった。

　これらの鉄の物性の違いはなぜ起こるのだろうか？　炭素含有量が多い鉄は，結晶構造が炭素粒子に邪魔されて，小さな領域に分割されている。この境

　[*1] 車輪が接する棒状の鉄部分をレールあるいは軌条といい，鉄道車両が通行する部分を線路とよぶ。つまり，通常はレール2本1組で1本の線路をなす。したがって，軌間を"レールの幅"というのは間違いで，"線路の幅"とよぶべきである。

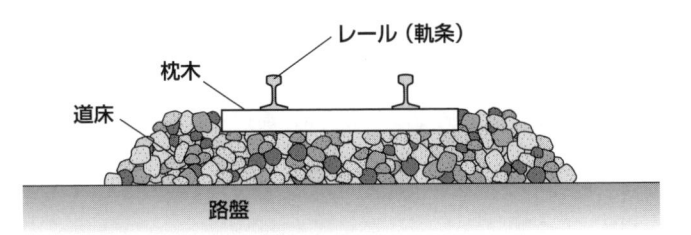

〈図10.1〉普通鉄道の軌道の構造

鉄道車両が走行するための地上施設は，車輪を直接支えるレール，それを支える枕木，枕木を保持する道床からなり，これらをまとめて軌道とよび，路盤の上に構築されている。これらの間には静止時に加わる鉛直方向の力のほかに，列車の加速減速に伴う力や曲線通過に伴う線路と直交する水平方向の力などさまざまな力が加わる。この図では，道床にはバラストとよばれる砕石を積んだものを用いた例を示した。これをとくにバラスト軌道とよぶ。

界部に応力が集中するために，強い外力が加わるとそこで割れてしまう。鋳鉄がもろい理由はここにある。一方，錬鉄や鋼鉄では炭素含有量が少ないため，連続した鉄の結晶格子が形成され，応力の集中が少なく歪みに耐えられるのである。

　日常の意識では鋼鉄は硬く，剛体として扱うことも多い。しかし，鉄道車両の重量や衝撃力に対しては，弾性体とみなすほうがよい場合も多い。レールを間近に観察できる場所で列車が通過するさいのレールの様子をよく見れば，このことは一目瞭然であろう。車輪が通過するたびにレールは予想以上に大きくしなり，枕木が道床に対して上下動するのがわかる。強い力に耐えられるように，軸重が重い車両が通過する線区ほど太いレールが使われる。

　レールの断面形状には規格があり，同じ太さのレールは原則として同じ形状である。そこで，レールの太さを示す値として長さ1 mあたりの質量，すなわち，線密度が使われる。日本では37 kg m^{-1}，50 kg m^{-1}などのレールが使われており，それぞれ37 kgレール，50 kgレールなどとよび分けられる。ただし，断面形状の規格が変わることもまれにあり，たとえば，以前の規格から改訂した現在の規格に準拠した50 kgレールは50 Nレールとよばれる。

レールの線密度が増せば，その質量自体により同じ外力が加わってもレールの移動は少なくなる。レール移動の許容量が同じならばより強い外力に耐えられるということである。加速時にも減速時にもレールは車輪を通じて力を受けるので，これは重要な要素である。このため，高速走行が多い幹線では太いレールが必須となるし，太いレールを使えば，線路の保守頻度を減らすこともできる。

　鉄道を特徴付ける音として，ガタンゴトンと表現される走行音がある。これをジョイント音という。レールの継ぎ目を車輪が通過するさいに発生する打撃音がその正体である。このことからもわかるようにレールには継ぎ目がある。国鉄や私鉄で多く使用されているレール1本の長さは標準的には25 mである。この長さのレールを定尺レールとよぶ。

　鉄の線膨張率は$12\mu K^{-1}$である。これは温度が1℃変化すると100万分の12だけ伸び縮みするということである。わずかな量にも思えるが，真夏には40℃，真冬に−5℃になるとすると，温度差45 Kとなり，定尺レールは1.35 cm伸び縮みすることになる。したがって，レールの間は真冬には最低でもこの程度の隙間を設けておかねばならない。

　レールを強い力で押さえ込めば，熱による伸縮を長さ方向の圧縮力で留めることが原理的には可能である。実験してみると，定尺レールよりはるかに長いレールであっても強固に固定されていれば，両端部以外は熱伸縮を押さえ込むことができることがわかり，レールの継ぎ目を大幅に減らすことができるようになった。これが長尺レールやロングレールである。ロングレールは東海道新幹線建設時に大幅に採用され，一躍有名になった。したがって，新幹線ではジョイント音は原則として耳にすることがない。ただし，最高速度が120 km/h程度に制限されている東京駅から多摩川橋梁付近までなどは継ぎ目があるレールを使っているので，この区間ではジョイント音が発生する。

枕を並べて先へ行け
― 枕木と道床 ―

2本のレールを接続しているのが枕木である。枕木はレールの間隔を一定に保つとともに，レールからの荷重や衝撃力を受けて道床に伝える役目をもつ。日

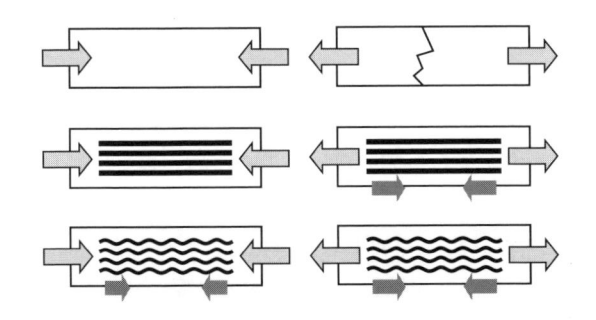

〈図10.2〉鉄筋コンクリートとプレストレストコンクリート
コンクリートは強い圧縮力が加わってもわずかな変形で耐えることができるが，張力には弱く，簡単に亀裂が生じてしまう。鋼鉄線は逆に張力への耐性が強い。そこで，鋼鉄線のまわりをコンクリートで固めて力学的に一体とすることで圧縮力にも張力にも強い素材としたものが鉄筋コンクリート（RCと略すことがある）である。鉄筋に張力を加えたまま一体化することで，さらに張力に強い素材としたものがプレストレストコンクリート（PCと略すことが多い）である。

本では長らく木製の枕木が使われてきた。加工が容易で廉価に調達できたからである。全体には防腐剤が染み込ませてあるため，色はこげ茶か黒である。この木製の枕木をとくに木枕木という。車輪からレールに加わる荷重は列車速度が上がると，強い衝撃力となる。木枕木は木材の弾性によってレールから加わる衝撃力を緩和して道床に伝えるという働きをもつ。しかし，長時間使用すると劣化し，衝撃力が限界を越すと破損してしまう。このため近年では，より耐久性にすぐれた素材が枕木に使われるようになった。その1つがコンクリート枕木である。

コンクリート枕木はPC枕木ともよばれ，その本体は，張力をかけた鋼線をコンクリートで固めたものである。これをプレストレストコンクリート，略してPCとよぶ〈図10.2〉。PCではコンクリートに鋼線による圧縮力が加わった状態になっているため，張力が加わった場合でも，鋼線による応力のほうが大きいうちはコンクリートには実質的に張力が加わらない。鋼線を入れずに固めたコンクリートは圧縮力には強いものの張力には弱いという欠点があるが，

PCならそれを克服でき，圧縮力以外の力が加わる構造物もつくることもできる．鋼鉄とコンクリートとは熱膨張率がほぼ等しいため，温度が変わってもこの関係が変化しないのも利点である．なお，建築などでは鉄筋コンクリート（RCと略すこともある）がよく使われるが，これはPCとは異なり，無荷重の場合には鋼線に張力が加わっていない．このため，張力に対してはPCほどの耐久性がない．

　ただし，PC枕木は，現場で加工して形状を変えることが事実上不可能である．そこで，ポイントなど複雑な形に加工する必要があるところでは合成樹脂製の枕木が使われており，これを合成樹脂枕木という．

　レールを枕木に固定するには，長らく犬釘とよばれる特殊な形状の鉄釘が使われていた．木枕木に打ち込まれた犬釘の頭の摩擦力でレールを固定する方法である．しかし，列車が高速になり強い衝撃が加わるようになると，これでは不十分になる．そもそも，コンクリート枕木には釘が打てない．この場合，レール下にゴム板を敷き，レール上面を金属板ばねで押さえ，枕木に空けてあるねじ穴にボルト止めする．コンクリートは木材よりも衝撃吸収力が劣るので，ゴムやばねなどの弾性体を介してレールを固定することで，列車通過にともなう荷重の急変を緩和し衝撃を和らげるのである．ゴムとばねで上下からレールを押さえるので，このレール固定方法を2重弾性締結とよぶ．

　道床は砕石を積み上げてつくるのが世界的には標準的で，これをバラスト道床という．バラストには河原にあるような丸石は用いられず，角ばった砕石を用いる．元々は，英国での鉄道創業期に船舶の船底に搭載していた重心低下用のバラスト（重し）の砕石を鉄道の道床に転用したのが語源だといわれている．バラスト道床は砕石を，大きな隙間ができるように粗く積んでつくる．このため，枕木からの衝撃はバラストが相互にずれることで緩和される．したがって，多くの列車が通過すればバラストが締まり，隙間がなくなってくる．また，レール位置にも狂いが生じてくる．このため，バラスト道床は定期的に"耕し"，レール位置を修正する必要がある．さらに，これをくり返すと砕石の角が次第に削れ，生じた石粉が砕石の隙間を埋めてしまう．こうなると，バラストの洗浄・交換が行われる．このような作業を保線という．

　以前は，保線作業を人力で行っていた．しかし，現在ではマルチプルタイタ

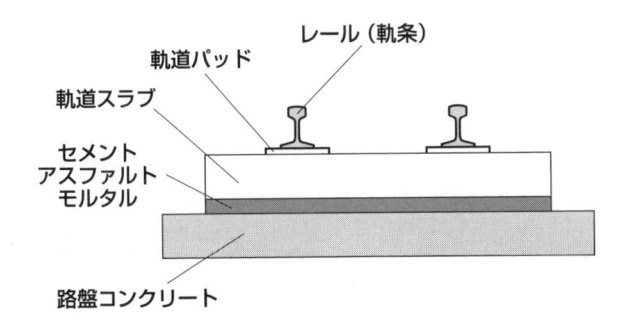

〈図10.3〉スラブ軌道の構造
バラスト軌道はバラストの崩れや摩滅に対応した定期的な保守が必要で人手がかかる。この保守作業を軽減するために、PCによる板をバラスト道床の代わりとしたのがスラブ軌道である。

〈図10.4〉スラブ軌道の例
JR武蔵野線北朝霞駅にて。

ンパーやバラスト交換車などを利用する機械化が進み、保線作業の労働環境は大きく改善されたといわれている。

さらに、保線作業自体の軽減を図るため、バラストを廃した道床が開発された。これが省力化軌道で、その代表がスラブ軌道である〈図10.3〉,〈図10.4〉。

スラブ軌道は鉄筋コンクリートの板とセメントアスファルトモルタルによる衝撃吸収層を組み合わせた道床で，枕木も一体化されていて2重弾性締結でレールを固定する。日本の国鉄が実用化し，山陽新幹線以降に建設された新幹線は大部分がスラブ軌道となっている。

長いトンネルを抜けると
― 土構造とトンネル ―

軌道を敷設する基礎となる部分を路盤とよぶ。線路の建設予定地が完全に平坦な土地ばかりならば，路盤は線路を引く土地自体を用いることもできるが，通常は，土木工事によって路盤が造成される。

昔から多用されている路盤は土でつくられたもので，土構造と総称する。元の地形に土を積み上げつき固めたものを盛土，元の地形から削り取って造成したものを切土という。鉄道部外者では，前者を築堤，後者を切通とよぶ人が多い。

土構造では通過できないような険しい地形や予定されている線路の上下に既存の構造物があり土構造では路盤が造成できない場合などには，トンネルや橋梁をつくることになる。

トンネルは隧道ともよばれ，地中に列車が通過する空間を確保したものである。このうち，山などを険しい地形を通過するためのものを山岳トンネルとよぶ。その基本は坑口とよばれるトンネルの両端から，予定する線路に沿って掘り進めるもので，現在はほとんどがNATM (New Austrian Tunnelling Method) と略称される"新オーストリア工法"で建設される〈図10.5〉。

これは，1 m程度掘り進んでは，必要に応じて支保工とよばれる鋼鉄製の枠を立て込み，速乾性のコンクリートを吹き付けて力学的に安定させてしまう工法である。掘削する地質に応じて周囲の岩盤にロックボルトとよばれる鉄筋を打ち込んだり，周囲の地盤をセメントで固めたりするなどの作業を行い掘り進むのである。

両側から掘り進むだけでは時間がかかりすぎると判断される場合には，別のところから本トンネルの通過予定地点まで作業用のトンネルを掘り，そこから

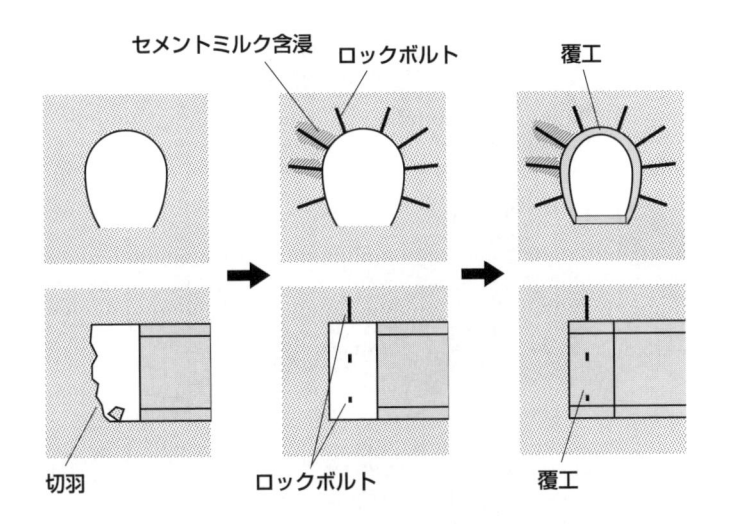

〈図10.5〉新オーストリア工法の手順
それまでにつくったトンネルの先を適当な長さだけ新たに掘削する（左）。断面がアーチ状であるため、地質が比較的良好ならばしばらくは崩落する恐れはないが、必要に応じて、鋼鉄製のロックボルトを打ち込んだり液状のセメントであるセメントミルクを含浸させたりして補強する（中）。地盤が落ち着いたところで内部をコンクリートなどで固め、トンネル内面を補強する覆工作業を行う（右）。こうして、少しずつ掘り進め、トンネルを完成させる。

も本トンネルを掘り進めるといった工法もとられる。

　山岳トンネルの場合、トンネルの周囲には莫大な岩石や土砂があり、トンネルの周囲、とくに上半分には、ほぼ均等に強い圧力が加わっている。これを支えるため、トンネルの壁は上半分が円弧状になる。円弧状ならば周囲の岩石の圧縮力自体で、トンネルの崩落をある程度防ぐことができるからである。山岳トンネルが馬蹄形の断面をしているのはこのためであり、NATMはこの効果を積極的に利用した工法だということができる。

　トンネル建設予定地が泥土や砂地などきわめて軟弱な場合にはシールド工法が採用される。とくに、地下鉄用のトンネルの大半は、いまではこの工法でつ

〈図10.6〉シールド工法によるトンネルの例
駅部分がシールド工法でつくられている比較的珍しい例。軟弱地盤や深度が深い地下鉄トンネルで用いられることが多い。
（東京地下鉄有楽町線永田町駅にて。）

くられている〈図10.6〉。シールド工法ではシールド機とよばれる鋼鉄製の円筒をトンネル建設予定地に設置し，前面に設けられた回転式のカッターで土砂を削りながら掘り進むのである。シールド機が進んだあとには，セグメントとよばれる鋼鉄製またはコンクリート製のブロックでトンネル内壁を円筒状に仕上げる。円筒状のトンネルとなるので，底部にはコンクリートで平らな路盤をつくる。円筒形のトンネルとなっている地下鉄路線は，シールド工法でつくったものだと考えて，まず間違いない。

　地下鉄のように地下の浅いところに地表に沿ってトンネルを建設する場合には開削工法が採用される〈図10.7〉。これは地表から露天掘りで穴を掘ったうえで，鉄筋コンクリートでトンネル本体をつくり，埋め戻すというものである。トンネル上部の土砂は山岳トンネルとは桁違いに少ないので加わる圧力も小さ

〈図10.7〉開削工法によるトンネルの例
東京地下鉄丸ノ内線の四ッ谷—赤坂見附間。露天掘りで穴を掘ってから鉄筋コンクリートでトンネルの壁面をつくり、それを埋め戻して完成となる。断面が四角いトンネルはほとんどが開削工法でつくられたと考えてよい。

い。このため、トンネル断面は原理的に任意の形状にでき、通常は四角いトンネルとして建設される。地下駅など広く複雑な構造のトンネルをつくるときにも多用される工法である。なお、開削工法が採られる地下鉄は道路の地下につくられるのが通例なので、露天掘りの期間中、道路が狭くなって不都合である。そこで、掘っている上空に蓋をかけ、その下で掘削作業をするのが普通である。

　なお、日本で最初にできた鉄道用トンネルは大阪—神戸の間のいくつかの河川の下を通るもので、石屋川トンネルが代表とされる。この地区では急傾斜地から幅の狭い平地に流れ込む河川が多く、古くから人口も多かったため、洪水対策の堤防が昔からつくられてきた。そこでは、川底に土砂が堆積するのに対応して、長い年月にわたって堤防が順次嵩上げされ続けた結果、川底が周囲の土地より高くなっている天井川が多数ある。これを通過するさいに、勾配を

登って橋を渡る代わりに川底の下をくぐるトンネルがつくられたのである。このトンネルは馬蹄形の断面であったが，川の水流を一時的に幅寄せしてつくった土地を使って開削工法で建設された。

　トンネルの断面を大きくすると工事も難しくなり経費もかかるので，列車が通過できる最小限の大きさにしたいところである。このため，地下鉄などでは，頭上に架線を設けずに線路脇に電気的に絶縁されたレールをもう1本設置し架線の代わりにする第3軌条方式を採用したり，最小限のスペースでつれる架線である剛体架線を用いたりすることが多い。しかしながら，蒸気機関車を通す場合には換気の必要があり，十分に大きな断面でないと機関士や乗客が窒息死する恐れがある。また，新幹線のような高速鉄道の場合，車体前面が生じる圧縮波が騒音を生じるので，これを緩和するためには，車体断面に比べて十分大きな断面のトンネルとする必要がある。

天かける線路
― 橋梁とその構造 ―

トンネルとは反対に空中に線路を建設するのが橋梁である。ほとんどの場合，構造が外からよくわかるため，自重や列車の荷重に対する力のつり合いを考えれば，なぜそのような構造となっているのか，比較的容易に推測できる。

　線路を敷くために水平に渡された部分を桁といい，橋梁の両端で桁を支える部分を橋台，途中で支える部分を橋脚という。桁の支持点の間隔が橋の構造をもっとも大きく左右する要素で，これを支間とよぶ。橋梁がかかる部分の条件としては橋台や橋脚の内面間距離のほうが重要で，これを径間とよぶ。多くの場合，支間と径間との差はそれ自体の長さと比べて短いので，趣味的に見る場合に限れば，両者を区別しなくてもあまり問題はなく，どちらと指定することなく英語でスパンとよぶこともある。

　一般に支間が長い橋梁ほど高度な技術が必要で経費もかかる。したがって，途中に橋脚を比較的廉価に設けることができる場合には，複数の桁が連続した橋梁が架けられる。しかし，なんらかの都合で橋脚が建てられない場合や広い径間が必要とされる場合には長い支間で一気に渡る橋梁が架けられる。深くて

広い谷や海，流量や船舶の通行量が多い河川，幅が広く交通量が多い道路などが広い径間を必要とする要因となる。

列車の荷重や衝撃が加われば，それに応じて桁は変形する。その場合でも変形が許容範囲内に収まるようにつくらなければならない。これに対応するため，支間が大きく異なると，橋梁の素材や構造が大きく変わる。日本では鉄製の橋梁が目立つ時代が長かったため，鉄橋が鉄道用橋梁の代名詞となっているが，現在ではコンクリート製，とくにPC製の橋梁が増えている。また，明治期に建設された橋梁には石材やれんがを用いたものも多い。

基本構造が同じ形式の橋梁であっても，桁の高さ方向に対して線路をどこに設置するかで分類することもある。軌道が桁の下端に近いものを下路，上端に近いものを上路，その中間のものを中路とよぶ〈図10.8〉。

もっとも簡単な構造の橋梁は桁橋である。ガーダー橋ともいう〈図10.9〉。これは剛体的につくった桁を両端で支えるもので，比較的短い支間の橋梁に用いられる。列車の荷重は桁を曲げようとするので，この力に対して変形しにくい構造が必要である。同じ垂み具合に対して，高さ方向に厚い桁ほど，上面と下面とで長さの違いが大きくなるため変形しにくい。したがって，大径間が必要となる橋梁ほど高さ方向に厚い桁が使用される。ほとんどの場合，桁は横から見て長方形をしているが，両端部より中央部のほうが厚くなった形状の桁が用いられることもある。

下路および中路ガーダー橋では，2つの桁の間に線路があるので，列車が通行できるだけの横幅が必要となるのに対し，上路ガーダー橋では線路程度の幅があれば十分であるため軽くつくることができる。このため，橋下の空間に余裕があるかぎり上路ガーダー橋とする例がほとんどである。2本の桁で橋梁が構成された橋が多いが，桁が負担する荷重を減らしたい場合などには，1つの橋梁で並行した3つ以上の桁が使われる。

鉄のほうが質量あたりの剛性が高く曲げにも強いので，径間が長いガーダー橋には鉄が使われることが多い。これに対して，コンクリート橋は比較的短い径間で用いられ，その場合もごく短い場合を除けばPC橋とすることが多い。

桁橋より長い支間で多用されるのがトラス橋である。トラス橋には桁の方向に沿って伸びる上弦材・下弦材とよばれる構造材が上下1組あり，これを垂直

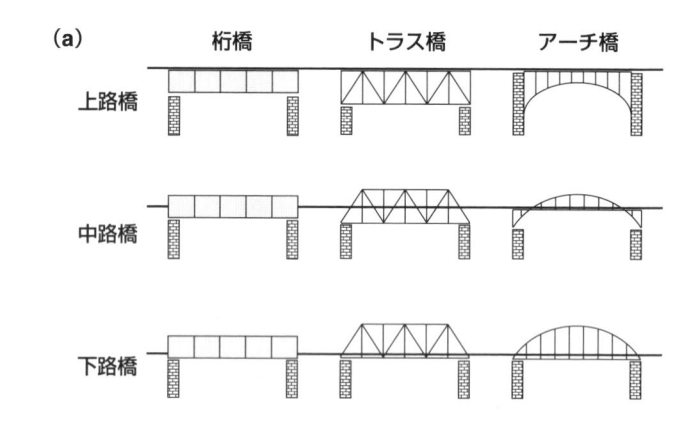

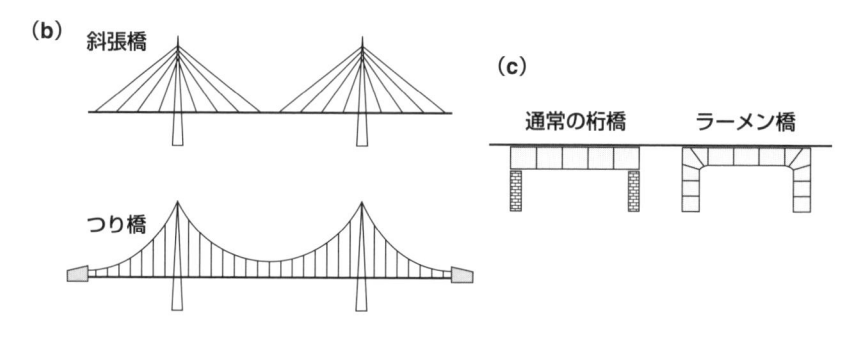

〈図10.8〉構造別の橋の種類
橋を力学的に支えている主要構造の形状により、桁橋、アーチ橋、トラス橋、つり橋、斜張橋に分類できる。前3者は、さらに主要構造部分と線路との上下位置関係で上路式、中路式、下路式に分けられる。また、桁橋の桁部分と橋脚・橋台部分を一体構造としたものはラーメン橋とよばれる。

および斜めの構造材で結ぶことで、三角形が連続した構造を構成する〈図10.10〉。三角形が変形すると辺の長さが変わることになるので、これらの構造材にはおもに張力か圧縮力が加わる。鋼鉄は張力・圧縮力のいずれに対しても変形しにくいのでトラス橋をつくるのに適した素材である。トラス橋には三

〈図10.9〉桁橋の例
JR総武線,秋葉原—お茶の水の間にある御成街道架道橋。上路ガーダー橋で,比較的長い支間であるため,複線の線路に対して,桁が4本使われている。

角形の形状や配置によっていくつかの形式がある。列車がトラス内部を通過する下路トラス橋が多いが,山間部など橋の下に大きな空間がとれる場合には上路トラス橋もよく使われる。下路トラス橋は両端が斜めになっていて,横から見ると台形のものが多いが,上路トラス橋には長方形のものが多い。また,下路トラス橋には上弦材が上に凸の折れ線となっているものもあり,曲弦トラス橋とよばれる。

　設計と施工により高度な技術が必要とはなるが,トラス橋よりも古くから使われてきたのがアーチ橋である。山岳トンネルの場合にもふれたが,円弧状の構造は圧縮力だけで崩落しないようにつくることができる。この円弧状の構造をアーチという。圧縮力に強い素材でアーチを構成し,その上に桁を渡したり,そこから桁をつったりした橋梁がアーチ橋である〈図10.11〉。アーチには張力はほとんど加わらないので,鋼鉄のほか,コンクリートや石材,れんがなどが使用される。上路アーチ橋の場合,橋の下の空間が広くとれないのが欠点だが,

〈図10.10〉下路式トラス橋の例
三角形の構成の仕方でさまざまなトラスがあり、これはワーレントラスとよばれるもの。京浜急行電鉄本線六郷土手－京急川崎の間にある六郷川橋梁。

アーチ構造の曲線美を重視して採用されることもある〈図10.12〉。
　著しく長大な支間が必要な場合に採用されるのがつり橋である。2つの高い支点からロープを垂らすと下に凸の曲線を描く。これは、ロープの各点で、2方向の張力とロープの線密度で生じる重力が釣り合った曲線であり、懸垂曲線とよばれる。このロープを主索とよび、ここから桁をつるしたのがつり橋である。アーチとは逆に、主索には張力しか加わらない。したがって、線密度に比べて張力に強い素材を使用するのが有効で鋼鉄製ケーブルが用いられる場合が多い。通常のケーブルは多数の線材をよじってつくるが、張力を高めるにはよじらないで平行なまま渡したほうが有利であることがわかってからは、たんに束ねただけの鋼線が用いられるようになった。これをとくにストランドとよぶ。主索には強い張力が加わるので、両端はそれに耐えられるように地面にしっかりと固定する必要がある。この固定部をアンカーレッジという。

〈図10.11〉下路式アーチ橋の例
JR総武線お茶の水―秋葉原の間にある松住町橋梁。この橋は上下に平行した2列のアーチの下端を，線路が通っている部分にある構造材でつないでいて，これが張力を負担することで橋の外部に横方向の力が生じない。このため，両側の橋台は鉛直方向の力を支えるだけでよい。

〈図10.12〉上路式コンクリートアーチ橋の例
JR東北本線神田―秋葉原の間にある神田川アーチ橋。

つり橋は，荷重のほとんどを主索で支えるため，桁自体は最小限の強度さえあればよい。むしろ，主索の負担を減らすためには桁が軽量であることが重要である。

　つり橋は，1点に荷重が加わると主索に加わる張力が大きく変わり，フックの法則に従って伸び縮みする結果，全体の形状が変わりやすい。このため，荷重が加わった部分だけ，桁が下に大きくたわむのが欠点である。この変形によって桁上の線路長が大きく変化することがあり，その場合でも問題が起きないような機構を設ける必要がある。このため，鉄道用橋梁として採用されることは少なく，わが国では，瀬戸大橋が事実上，唯一の鉄道用つり橋である。

　高い支柱からつる形式の橋として，近年，多く見かけるようになった別の構造の橋が斜張橋である。これは支柱から両側に斜めに降ろした構造によって桁を支えるもので，斜材には鋼線を用いたものが多いが，PCを用いた例もある。つり橋に似ているが，アンカーレッジが不要で支柱が1本でもよいという利点がある。しかし，桁には斜材から橋の中央方向に向かう圧縮力が働くので，それに対する強度も要求される。

　これ以外の観点による分類もある。たとえば，1つの桁が両側だけで支えられているものを単純桁とよぶのに対して，一体の桁が2つ以上の支間を通っているものを連続桁とよび，橋脚と桁が一体となっている桁橋をラーメン橋とよぶ。また，桁の継ぎ目が橋脚上にないものをゲルバー橋とよぶ。広い谷間を渡る場合など，高い橋脚を鋼材などで組み立て，その間に比較的短い桁橋を架けることがある。これをとくにトレッスル橋とよぶ。

　いずれの形式の橋梁も気温変化によって伸縮するので，桁の長さがきわめて短い場合を除くと，少なくとも1つの橋台や橋脚にはこれに対応する支持機構が設けられている。

　近くで見かける橋梁を見て，それがどんな形式なのか，各部材に加わっている力のつり合いはどうなっているはずなのかなどを考えてみると，よりいっそうの興味をもつことができるだろう。

11
切符と自動改札のしくみ

料金前納式磁気カードの例。樹脂製のシートの間に磁性体の層があり，そこで磁気記録ができる。写真は"スルッとKANSAI"として京阪神圏で利用されているもので，各社で別の愛称がついている。これは南海電鉄が発売しているコンパスカード。

- 蒸気機関車のしくみ
- 抵抗制御式電車のしくみ
- 交流電化と VVVF 電車
- 気動車のしくみ
- 鉄道車両の制動
- 鉄道車両の走行抵抗
- 曲線の線路
- 登りと下り―勾配を克服する
- 列車運行と信号
- 橋梁とトンネル
- **切符と自動改札のしくみ**

切符のいい奴
── 乗車券システムと自動改札 ──

　鉄道は不特定多数が利用する公共交通機関である。乗客は鉄道会社に運賃を支払い，目的地まで乗車する権利を得ると同時に，鉄道会社は目的地まで乗客を輸送する義務を負う。この場合，大勢の乗客を同じ列車に乗せてまとめて輸送するほうが効率的であるが，どの乗客がどこからどこまで乗車するのか，その運賃をきちんと受け取っているのかを把握する必要がある。それには，乗客1人ひとりが自分の行き先を明示した"契約書"を持参すればよい。これが切符だということができる〈図11.1〉。

　契約書である以上，どこで契約が開始されたかを明確にする必要がある。ヨーロッパをはじめとする多くの国では，乗車してから車掌が切符を確認する。これらの国では，改札がなく切符をもっていなくても列車に乗車できてしまう。しかし，乗車すればまず間違いなく車掌が検札に来る。この時点が契約の開始とみなすことができよう。

　これに対して，日本では購入した切符を改札口で確認し，それをもって輸送契約が開始されたとみなす方式が採用された。いつの時代から採用されたのかは著者に調べがつかなかったが，ヨーロッパに比べて乗降人数が圧倒的に多いために異なった制度になったのだろう。改札口で確認した証拠となるのが切符のパンチであった。そのはさみの音は昭和の風物詩の1つと数える人もいるようだが，やがてスタンプに代わり，それも自動改札にとってかわられている。

　ところで，日本では列車を降りて駅を出るさいに切符が回収される。これを集札という。集めた切符は鉄道会社内で集計され，旅客動向を分析することで，そのあとの列車ダイヤ改正や運転ルートの改廃に利用されているそうである。もちろん，不正乗車を防ぐ効果もある。ただし，改札と同様に，集札は海外の鉄道ではほとんど実施されておらず，これも日本独自の方式といえよう。

　話を改札に戻そう。自動改札はまず磁気券の使用から始まった。切符の裏面に茶褐色や黒の磁性体が塗布された切符には券面に印刷された内容に対応する情報が磁気パターンとして記録されている。これでわずかな空隙を空けたリン

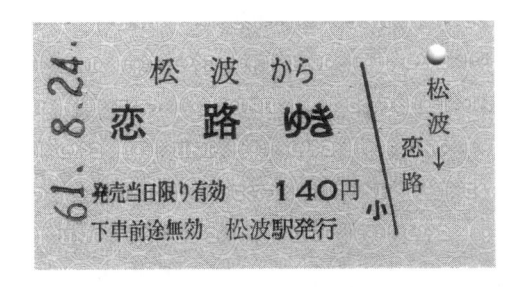

〈図11.1〉以前は鉄道旅行に必須だった切符
近距離では，3cm×5.72cmが標準で，発駅と有効金額が大書されているものや簡単な路線図で示されたものもあった。以前は主流だったボール紙製の厚いものは硬券，いまでは普通になった通常の紙のものは軟券とよばれる。遠距離になるとずっと大きな長方形の切符となり，発駅と着駅，経由地，有効期限などが記載されている。(提供：鶴田英公氏)

グ状の鉄心をこすると，鉄心の中に対応した磁場ができる。鉄心にコイルを巻き付けておけば，内部を通る磁場が変動するために，コイルに誘導起電力が発生する〈図11.2〉。したがって，磁気パターンに対応した誘導起電力の波形が検出できる。こうして，自動改札機の内部を磁気券が通過することで切符の情報を改札機が読み取ることができる。

　この方式だと，人間が処理するよりも速く正確に改札業務が実行されるので，それが導入目的だと思う人も多いようである。しかし，熟練した改札係の処理能力は驚異的で，実際の処理速度はそれほど向上しなかったらしい。むしろ，改札口の限られた幅に乗客が通れる改札通路を数多く設置できることのほうが有効だったようだ。自動改札機ならば，人間が立つより幅を要しないからである〈図11.3〉。

　磁気式の自動改札が普及すると，より複雑な処理も可能となる。入場記録を磁気券に一時記録し，出場時に読み取って，該当運賃を差し引いて券面残高を更新すれば事前に行き先を指定して切符を購入する必要がなくなる。こうして普及したのが，料金前納式カードである。鉄道会社ごとに異なった愛称でよばれていたが，"IOカード"や"スルッとKANSAI"と聞けば思い出す人もいるだ

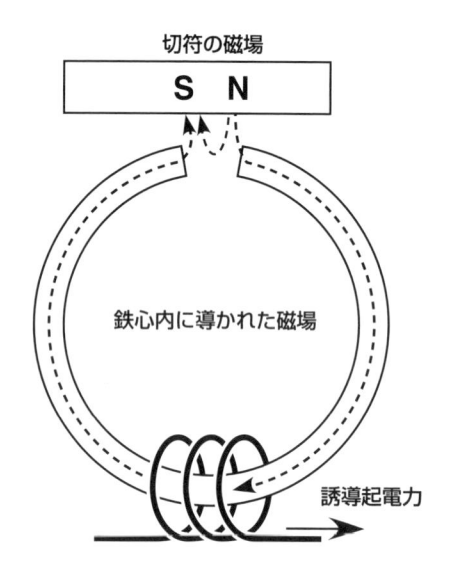

〈図11.2〉磁気券読み取りの原理

磁気を帯びた物体が鉄心の隙間に接近すると，磁力線の一部が鉄心を通る。その変動によって励起される誘導起電力を読み取ることで物体に記録された磁気パターンを読み取ることができる。逆に，コイルに電流を流せば，それに応じた磁場が隙間に生じるので，ここに磁性体があれば，それを転写することができる。これによって磁気券への書き込みも可能となる。テープレコーダーやビデオテープも同じ原理によって音声や映像を記録・再生する装置である。

ろう（章扉を参照）。

　磁気式では鉄心に磁場を励起するために磁気券を鉄心の隙間にこすりつける必要がある。したがって，改札機の鉄心は摩耗に対して定期的に保守する必要があり，毎日大量の乗客が利用する日本の鉄道では，これが問題となってきた。また，改札機内部を切符が高速で移動する必要があり，その部分で紙詰まりのトラブルが起こることも多かった。そこで，開発されたのが非接触式自動改札である。

〈図11.3〉自動改札が並んでいる現代の改札口
通路のほぼ全幅が乗客の通路として使えるため，改札要員が立つスペースが必要だった有人改札の時代に比べ，単位時間あたり多数の乗客をさばくことができる。(京王電鉄京王線聖蹟桜ヶ丘駅にて。)

触らぬ紙に摩滅なし
── 非接触 IC カード ──

　無線装置を使って非接触で切符と改札機が情報交換できれば，磁気式自動改札の問題点を一気に解決できる。しかし，非接触であるがゆえ，改札通過時に該当するカード1枚だけと限定的に通信するしくみが必要である。デジタル技術を利用して識別符号を用いることも考えられるが，そもそも伝達距離が短い通信方法を用いれば，それだけで混信をかなりの率で回避できる。
　接続されていない電気回路の間で情報交換を行う装置を一括して無線装置とよぶ。しかし，そのすべてが電磁波を用いたものではない。実際，非接触式ICカードでは電磁波を用いておらず，誘導無線という方式によっている。

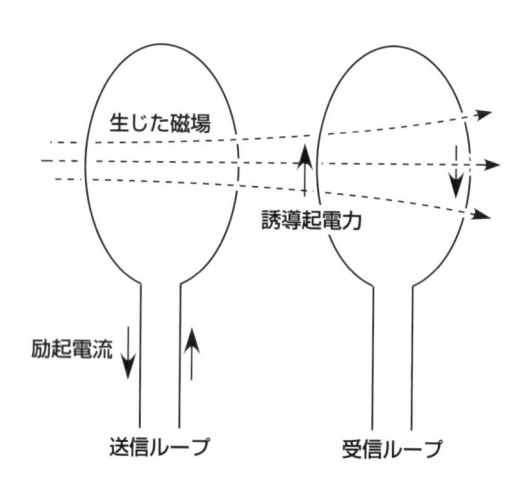

〈図11.4〉誘導無線の原理
2つのループコイルを相対させ，一方のコイルに変動電流を与えると，それに応じた変動磁場が生じる。この磁束をもう一方のコイルに通せば，変動磁場に応じた誘導起電力が生じる。これを変動電圧として捉えることで，2つのコイルの間で信号を伝達することができる。

　誘導無線は近接した2つのコイルを磁場によって結合することで信号を送る。一方のコイルに交流電流（励起電流）を通すと変動磁場が生じる。この磁束がもう一方のコイルを通れば誘導起電力が生じるので，間接的に2つのコイルの間で交流電流が伝達されるわけである〈図11.4〉。直流電流を遮断して信号伝達を行う回路で変圧器を使うのも同じ原理である。
　ATSやATCの地上子と車上子との通信も，"Suica"や"ICOCA"などの非接触式ICカード〈図11.5〉も，誘導無線による通信であり，後述の電磁波による通信ではない。非接触式ICカードでは，受信ループはカードの外周に沿った長方形やそれに類した形状のものを用いている。
　誘導無線は磁場によって結合しているため，2つのコイルの距離が遠くなると急速に減衰する。ループコイルによって生じる磁力線の形状が，放射状よりもさらに開いたものであることを思い出せば，距離の2乗に反比例するよりも

〈図11.5〉非接触ICカードを用いた"乗車券"
JR東日本は"Suica"，JR西日本は"ICOCA"，関東民鉄は"PASMO"と愛称名が異なるが動作原理は同じ。カードにはICチップとループアンテナが内蔵されている。

ずっと急速に減衰することは容易に想像できる〈図11.6〉。この特性は，遠距離通信の場合には不都合であるが，最寄りの相手とだけ選択的に通信を行いたい場合には，逆に利点となる。電磁波だと目的によって使用周波数が法的に管理されているが，混信の恐れがほとんどない誘導無線なら適用外となり，免許がなくとも送信装置を自由に設置できる。

また，磁束による結合は磁束の変化速度とは無関係なので，誘導無線では電波用に比べてずっと小さなコイルで低周波信号がやりとりできる。Suicaなどで使用されている誘導無線の磁束変化周波数は13.56 MHz程度である。

　ICカードの開発には，電源がなくても内容を保持できるうえに電気的に書き換え可能なメモリーEEP-ROMが実用化され，磁気記録に比べて飛躍的に大量の情報をカードに記録できるようになったことが大きく影響している。IC搭載なのでプログラムを組むこともでき，磁気式よりも多機能で柔軟な利

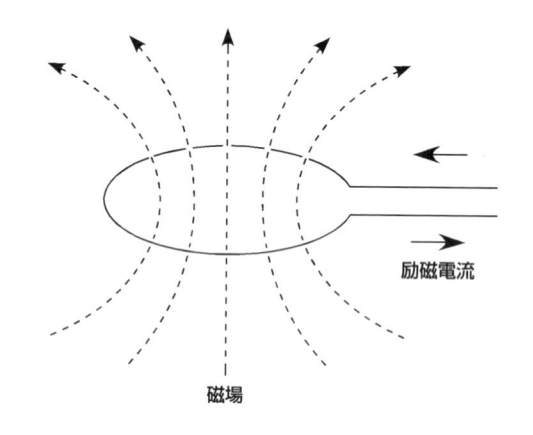

〈図11.6〉コイルの周囲に生じる磁場
磁力線はコイルを貫いてこのような形になる。磁場の強さは磁力線の密度（間隔）に対応するので，この図から，コイルから離れると磁場が急速に減衰することがわかるだろう。

用が可能となる。

　しかし，ICを動作させるには電源が必要である。このため，当初は電源と通信用の接点がついたICカードがクレジットカードなどとして利用されていた。しかし，接点の耐久性を考えると，これでは自動改札には利用できない。では，非接触式ICカードの場合，搭載されているICの電源はどうやって確保しているのだろうか？　カードに電池を内蔵するのが一番簡単だが，その場合，カードの電池管理が問題となる。たとえば，6か月定期券としての利用を考えると，有効期限内に電池切れが起こってしまうだろう。

　ところで，変動磁場による誘導電流は，それ自体が誘導起電力によって励起されるので電源は不要である。そこで，これをIC動作電源としても利用することにしたのである。カードと改札機との距離の変化による磁束の変動を電源としているとする記述もあるようだが，実際はそうではなく，改札機に内蔵したコイルに通す交流で励起された変動磁場で生じる交流の誘導電圧が電源として使われている。

カードから改札機への通信は，受信ループに接続されている電気回路の特性（インピーダンス）をICによって変化させることで実現している．カードと改札機側のコイルとはいわばトランスで接続されているわけなので，カード内部のインピーダンスの変化は改札機のループの電流・電圧特性を変化させることになる．これを検知することで，カードに電源が搭載されていなくても，カードから改札機への通信が行えるのである．

いま，新幹線の中
―― 走行中の列車との通信方法 ――

　鉄道は線路によって走行路が規定されているため，走行している列車の乗員と地上要員との連携がないとうまく運用できない．したがって，走行中の車両と地上とで密接に情報交換できることが安全面でとくに重要となる．走行中の車両との通信にはレールなど接触物を利用したり，信号機や標識灯を用いることもできるが，非接触で電気信号をやりとりできればもっと高密度の通信ができる．

　列車の走行路が一定であることを考えると，伝達距離が短い誘導無線でも通信に利用することができる．ATSやATCで用いられているループコイルによる通信も誘導無線である．ほかにも，直線状の電線とループコイルによる誘導無線が地下鉄線内で使用されている．東京地下鉄では線路内に2本の電線を並べ電流を通じることで，それらを軸とした磁場を生じさせ，これを車載のループコイルと結合させている〈図11.7〉．

　誘導無線に対して，電波を利用した非接触電気通信を空間波無線とよぶ．TVやラジオをはじめ，ほとんどの無線通信は電波を用いているので，無線といえば空間波無線と思う人のほうが多いだろう．電波をはじめとする電磁波は球対称に放射した場合には距離の2乗に反比例して減衰するが，誘導無線に比べると減衰率は小さく，アンテナを工夫して放射方向を限定すれば，特定の方向での減衰率をずっと小さくすることもできる．このため，送受信用のアンテナから遠く離れていても効率的に通信することが可能となる．

　鉄道に空間波無線が大々的に導入されたのは，日本では東海道新幹線が最初である．当時は，中継局を沿線に何か所か設置し，各列車と東京の運転司令所

〈図11.7〉誘導無線用電線
線路の間にある2本の電線と車両床下に設置したループを磁場で結合させることで通信を行っている。(東京地下鉄丸の内線四ッ谷駅にて。)

との間に電話回線を設けた。ビュフェにあった乗客用公衆電話や，新幹線に先立つ在来線特急こだまの公衆電話もこのような回線を利用したものである。

　しかしながら，電磁波は導体内部には届かない。導体内部で電波を打ち消す電流が励起されるからで，この現象を電磁遮蔽という。地面は水分を含んでいるので十分な厚さがあれば電磁遮蔽が発生する。このためトンネル内部では中継局を用いた空間波無線が使用できない。そこで使用されたのが漏洩同軸ケーブルである。

　同軸ケーブルは導体の芯線の周囲を誘電体で包み，その外側を導体の網で，

そのさらに外側を絶縁体で覆ったケーブルである。TVアンテナと受像器を繋ぐケーブルとして目にした人も多いだろう。直流で考えると，芯線と網線とで往復する2本の電線となっていると解釈できるが，TV信号のように周波数が高い交流を通す場合には，むしろ芯線と網線の間の誘電体内を電磁波が伝搬していると考えたほうがよい。このモードで伝わるエネルギーのほうが大きいからだ。

したがって，網線に適宜，大きめの穴を空けておくと，そこから内部の電磁波が周囲に漏れることになる。漏洩同軸ケーブルとは，これを積極的に利用したもので，空間波無線用のアンテナを長い線状に配置することに相当する。

通信は周波数が高い信号ほど通信速度を上げることができ，短時間で大量の情報を交換することができる。そこで列車との通信も使用する周波数が次第に高くなる傾向がある。電磁波の場合，周波数が高いほど波長が短くなり，波の性質として回折が起きにくくなる。これは同じ大きさのアンテナでより相手を絞り込んだ通信ができるということでもあるが，中継局から見通せない山の陰などには電波が届きにくくなる。そこで，近年では明かり区間(トンネルになっていない区間)でも漏洩同軸ケーブルによる空間波無線が多用されるようになってきた。

また，車内TV広告などは実時間で情報通信をする必要がないため，拠点駅などで短時間に大量の情報を無線通信する方法がとられるようになってきた。山手線車内のモニター広告は主要駅に設置されたSHFアンテナから送信される圧縮されたビデオ情報を運転台で受信し，"スロー再生"することで車内に乗客向けの情報を提供している。

座って遠くへ行きたい
— みどりの窓口をつなぐコンピューター通信網 —

通勤電車をはじめとする自由席の列車なら，乗車区間と運賃の関係などに矛盾がないかを確認することだけが，改札口での仕事である。発売も乗車券だけなら比較的単純だ。けれども，指定席の場合にはそうはいかない。

いまや，家庭からインターネットや携帯電話で多くの列車の予約ができるようになったが，それ以前には駅の窓口に出向く必要があった。JRでは，"みど

〈図11.8〉みどりの窓口
緑地に白丸の中に座席に座った人のシルエットが黒で書かれているのがロゴ。JR沿線に住んでいれば，どこかで目にしたことがあるはず。
（新宿駅西口にて。）

りの窓口"とよばれる専用窓口で指定席の予約販売を行っている〈図11.8〉。その対象は原則として1か月先までの日本全国を走るJRのすべての列車指定席である。つまり，購入窓口からはるか離れた地を走る予定の列車指定席が予約購入できるのである。

これを実現するためには，全国の列車予約を矛盾なく処理する全国的なシステムが必要である。たとえば，とくに人気の列車の予約ならば，発売開始日に全国から一斉に予約要求が生じる。これを混乱なく処理できるシステムを構築するのは，それほどたやすいことではない。

現在のJRの座席予約システムはマルスとよばれ，国鉄が海外の航空券予約システムを参考に1960年に開発したものである。日本では列車数に比べて乗客が著しく多く，要求も複雑なため，独自開発に踏み切ったのであろう。その開発の歴史はコンピューターシステムの発展そのものを反映しており，さまざまな機能が徐々にハードウェアからソフトウェアへ移行していく歴史でもある。

最初のマルス1はプログラムもハードウェアで組まれており，係員が出力結果を切符に手書きして発券していた．東京発着の数本の特急しか扱えなかったので，この時期からコンピューターが利用されていたことを知る人は少ないだろう．

　1964年には，発券機能をもつシステムとしてマルス101の使用が開始された．コンピューターの構成部品は磁気コアメモリーとトランジスターであったが，ノイマン型ともいわれるプログラム内蔵式になった．やがて，電子計算機の発達史をなぞるように，ICやLSIで構成されたコンピューターが用いられるようになり，現在使用されているマルス501では9000台以上の端末が接続され，毎日160万枚の切符を発売するシステムとなっている．

　マルスは，1か所に設置した大型コンピューターに全国からアクセスするという集中管理型システムである．インターネットも銀行ATM網もない時代に開発されたが，国鉄にはすでに駅間に業務連絡用の専用電信電話網（鉄道電信・鉄道電話）があったため，全国規模の通信網を整備・運用する技術的な蓄積があった．実際，マルスシステムの一部は鉄道電話回線を利用して通信を行っていた．

　鉄道電報では，頻出語に対して，ウヤ（運転休止）・トカホセ（東海道本線）・ミツ（三鷹）・ミハソ（宮原操車場）・レチ（車掌）・ウナ（至急）などの略語・符丁が使用されており，駅名についてはマルスでも使用されていた．これは頻出語には短いビット長データを割り付けるという意味で，情報圧縮の基礎に通じるともいったら言いすぎか．ちなみに，駅や車庫などを表すカナ2文字略号は，鉄道管理局（現在は，JRの各支社）を表す漢字1文字と組み合わせて車両の所属を表すものとしていまでも車体に表記されている〈図11.9〉．

　現在のシステムはパソコンとほとんど同じものが端末として利用されており，実際にインターネットを通じて個人の操作でも予約ができるようになっているが，汎用の日本語入出力法が確立していなかった頃は，端末にも工夫があった．

　マルス101で使用されていたAB形端末では汎用の漢字プリンターが未開発だったため，列車名や駅名などの印字には定型の活字が使われていた．その活字自体が入力キーと兼用のアクリル棒になっている端末である〈図11.10〉．これで発行された切符は紙送りの精度を確保するために両側には等間隔で送り穴

〈図11.9〉車体に表記された所属電車区などを示す記号
ここにある「ハミツ」は，JR東日本八王子支社三鷹車両センターを表す。同所属の電車は，国鉄末期には，東京西鉄道管理局三鷹電車区の略として「西ミツ」と書かれていた。

（スプロケット孔）が空いている縦長の切符だった〈図11.11〉。

1985年には座席予約だけでなく，周遊券など，ほとんどあらゆる種類の切符を発券できるマルス301が開発され，N形端末が使用された。この端末では，多数の列車の入力端末を最小限のスペースで実現するために，同じ穴配置のピン式入力装置に対して金属板のページをめくると位置に対応する列車名が切り替わるようになっている〈図11.12〉。この端末からは，スプロケット孔付きの横長の切符が発行されたが，漢字が印字できないため，カタカナと英数字のみの切符であった。

現在使用されているマルス501では，タッチパネルと熱転写プリンターが使用されている。発行される切符は裏面に磁性体が塗布されているため，自動改札にも対応できる。この磁気券は自動改札が普及する前から使用されていたが，記録情報は払い戻しなどのさいに利用されていた。

マルスのようなシステムでは多数の乗客に効率よく座席を割り振るための

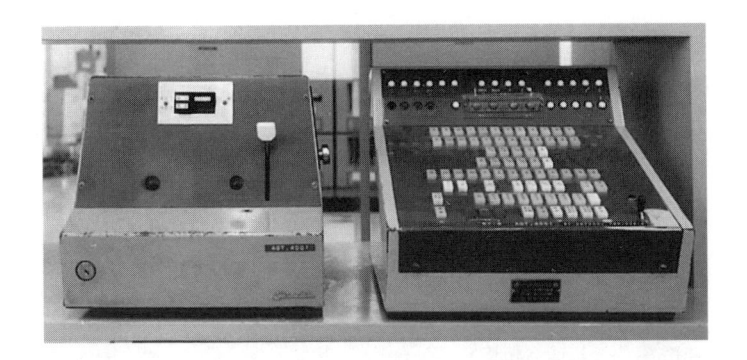

〈図11.10〉みどりの窓口にあったマルスAB形端末
長距離列車の座席予約専用窓口に対する「みどりの窓口」という愛称は国鉄時代からのもの。国鉄時代に列車を指定すると係員が操作していたのが，このマルスAB形端末で左側の装置に列車名などのゴム印が付いたアクリル棒を挿入して操作した。(提供：鉄道情報システム株式会社)

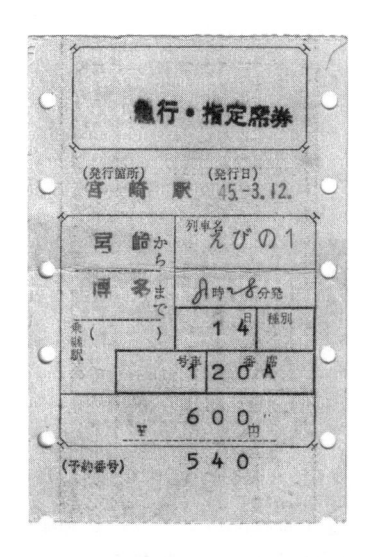

〈図11.11〉AB形端末で発券された急行券の例
(提供：鶴田英公氏)

〈図11.12〉 マルスM形端末
N形端末と同じく，ページめくり式の入力装置が用いられており，左手前上下2段に見える。列車名を告げると駅員が，ここをパタパタとめくり，ピンを挿していた。

　アルゴリズム設計も重要である。東京から新幹線で新大阪まで乗車すると，名古屋で降りた乗客の席に名古屋から乗ってきた乗客が座ることはごく普通に見かける。これは，座席を区間ごとに分割して管理しているからこそ可能なのである。
　新幹線の普通車は東海道新幹線を基準にすると山側（北側）2席・海側（南側）3席の座席になっている。時間的に余裕をもって座席予約すると，2人連れなら山側，3人連れなら海側，4人連れなら山側2列連続になることが多い。これは，多くの乗客がそのような座席配置を好むことを座席予約システムに組み込んでいるためである。同様の理由で，1人で予約すると，海側席なら窓側と通路側とに優先的に割り付けられるため，混んでいないときには，中間席だけが終点まで空席となることが多い。

途中下車 チンも電車から——ビュフェと電子レンジ

ごく初期の長距離列車では食事時に停車し，近くの食堂で食事をとっていたようだが，それでは目的地に着くのが遅くなってしまう。そこで，走行中でも食事ができるように専用の客車がつくられるようになった。これが食堂車である。日本をはじめ多くの国では1両の中に厨房と食事席とがともにあるのが多数派だが，インドではpantry car（厨房車）とよばれる厨房のみの車両から各自の座席に食事を配達する方式が多いようである。

食堂車では調理のために熱源が必要で，初期には蒸気機関車の石炭を流用した石炭レンジが使われていた。日本では昼行客車特急用の最後の食堂車カシ36で初めて電気レンジが使われたが，火力が不十分なため厨房スタッフに不評で，すぐに石炭レンジに改造されてしまった。カシ36では電源は車軸とつながった発電機が用いられていたため，蓄電池に頼る停車中は電力不足になる点も問題だった。

電車なら電源は架線から得られるので，151系電車では電気調理器具が大々的に採用された。当初は「簡易的な調理で出せる料理のみを提供する」との考えから，食堂部分が1両の半分しかないモハシ150が1編成に2両組み込まれる。席数も少なく簡便な料理しか提供しないことから，軽食堂を意味するビュフェとよぶことになった。ここにはアイスクリーム用冷凍庫や電気冷蔵庫，電気温水器などの電気調理機器が設置されていた。

1960年になると，東海道昼行客車特急を電車化することになり，食堂車もグレードアップする必要が生じ，1両がまるごと食堂車であるサシ151がモハシ150に隣接して連結される。カシ36のときとは異なり，十分な電力が常時利用できるので，石炭レンジに代わる火力をもつ電気レンジが使えるようになった。初代ブルートレインのナシ20（コラム図1）も編成端に連結された電源車カニ21などに搭載されたディーゼル発電機の電力が使えるようになったため，調理熱源は電気レンジとなった。

とはいえ，当時の長距離列車の主力は特急ではなく急行。各地を走る客車による急行も電車で置き換えられ，客車食堂車に代わり半室食堂車としてビュ

〈図1〉初代ブルートレイン20系の食堂車ナシ20
客車として初の完全電化食堂車である。（提供：鉄道博物館）

フェが連結される。最初に製造されたサハシ153には寿司コーナーが設けられ、そこには寿司種が客から見えるように配慮された電気冷蔵ケースが設置された。いまや、多くの寿司屋で見かけるガラス張り冷蔵ケースのはじまりがこれである。冷蔵ケース内にはステンレスパイプが通されていて、その内部には冷媒が流れている。空気は熱伝導が悪いので、空気の出入りが少ない形になっていることで十分に低温が保たれるというしくみであった。

続いて、交直流電車用に製造されたサハシ451（コラム図2）には画期的な調理熱源が搭載される。電子レンジである。事前に調理した料理を始発駅などで積み込み、客の注文を受けて電子レンジで温めることで、車内で本格的な調理をしなくても、温かい料理を提供することができるようになった。

いまではどこの家庭にもある電子レンジ。初期の多くの製品が加熱終了時にベルがチンと鳴っていたため、電子レンジ自体を「チン」とよぶ人が多い。電子レンジは、米国レイセオン社でレーダー研究のさいに偶然発明された。ほとんどの食品には水が含まれているが、水分子1個には、酸素原子1個を

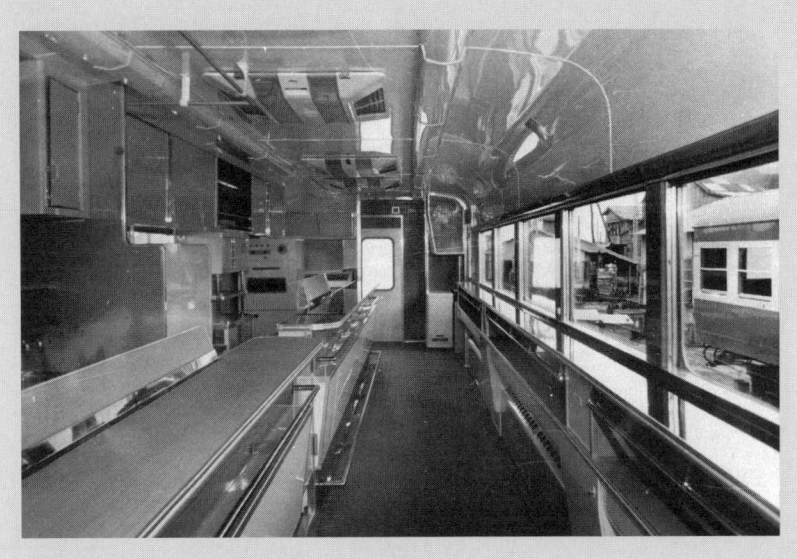

〈図2〉交直流急行電車の食堂車サハシ451ビュフェ車内
1両の半分強がビュフェになっている。6両のみ製造されたオシ16に次いで，当初より電子レンジが搭載された食堂車である。麺類コーナーがあったが，東北方面用は"そば"，山陽九州北陸方面用は"うどん"と表記が異なっていた。地域的な文化の違いを感じさせる。
（提供：鉄道博物館）

中心に水素原子2個が対称に結合している。3個の原子の配置は直線状ではなく，角度104.5°の"への字型"になっていて，原子核周囲の電子の分布重心は質量重心とは大きく異なっている（コラム図3）。このため，水分子中の電子は多くの準位をもち，その間で多数の遷移が起こりうる。その1つが2.45 GHzにあり，水分子はこの周波数の電波が照射されると，一種の共鳴が起こってこれを効率的に吸収する。吸収したエネルギーが熱となり，これがほかの分子を加熱することで食品全体が加熱されるのである。

電波が真空中を伝わる速さはつねに一定で，$2.997\,924\,58 \times 10^8$ m/sであり，空気中でもほぼ同じ速さで伝わる（コラム図4）。したがって，周波数2.45 GHzの電波の波長は12.2 cmである。波長10 cm程度の電波はマイクロ波と

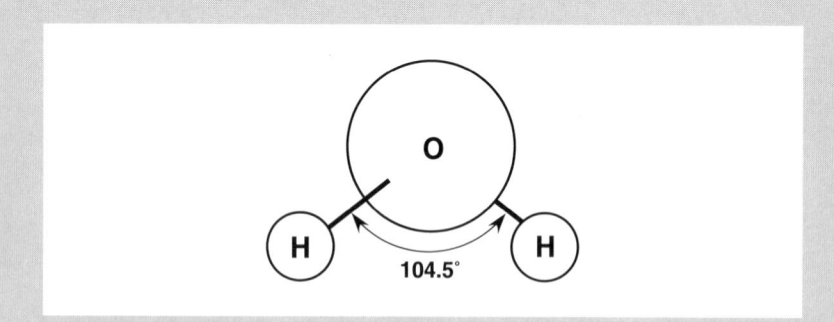

〈図3〉水分子の構造

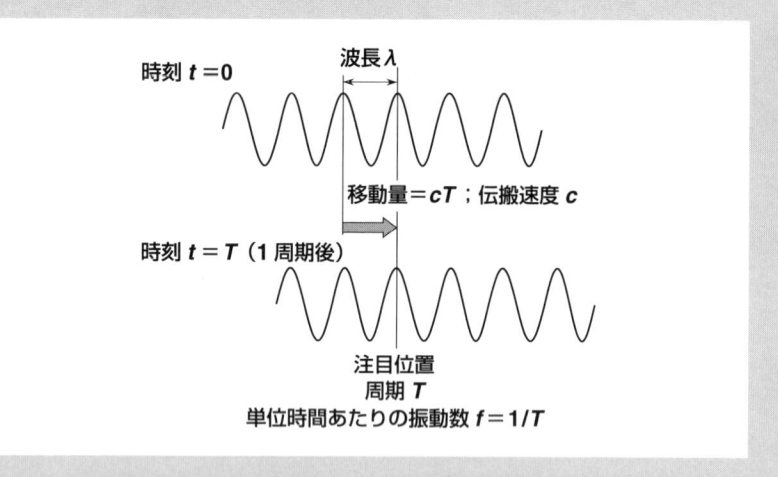

〈図4〉波の波長と周波数（振動数）と波の伝搬速度の関係
伝わってくる波全体をある瞬間に写真に撮ったとすると一定間隔で同じパターンがくり返している。このパターンのくり返し間隔を波長という。伝わってくる波の様子を1か所に留まって観察すると，一定時間ごとに同じパターンの振動がくり返す。このくり返し1回に要する時間が周期であり，一定時間にくり返しが何回起こるかが振動数である。したがって，周期と振動数とは逆数になる。1回振動する間に波は1波長分だけ移動しているはずなので，波の伝搬速度は波長を周期で除したものとなり，波長と振動数の積となる。なお，波の場合には振動数を周波数とよぶことが多い。

〈図5〉家庭用電子レンジ
窓をよく見ると大きさ数mmの小さな穴が多数空いた金属板がある。

もよばれるので，電子レンジは英語ではmicrowave oven（マイクロ波オーブン）という。

ところで電子レンジ正面にはガラス窓がある。ここから電波が漏れたりはしないのだろうか？　一般に，電波は電気導体でできた構造に対して，波長の1/10程度以下の形状にはほとんど影響されない。したがって，1 cm程度の細かさの金属網ならマイクロ波を透過せず，金属板のように反射する。電子レンジの窓をよく見ると，直径数mmの穴がびっしりと空いた金属板があることに気づく（コラム図5）。このため，ガラス窓をのぞいても目が電波で"調理"されることがないのである。

付録
― 車両形式称号 ―

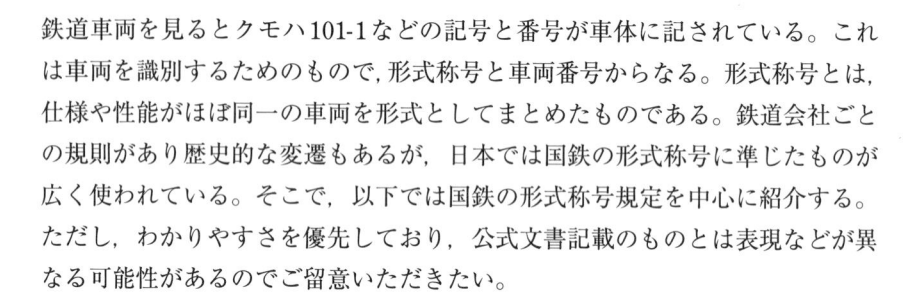

鉄道車両を見るとクモハ101-1などの記号と番号が車体に記されている。これは車両を識別するためのもので，形式称号と車両番号からなる。形式称号とは，仕様や性能がほぼ同一の車両を形式としてまとめたものである。鉄道会社ごとの規則があり歴史的な変遷もあるが，日本では国鉄の形式称号に準じたものが広く使われている。そこで，以下では国鉄の形式称号規定を中心に紹介する。ただし，わかりやすさを優先しており，公式文書記載のものとは表現などが異なる可能性があるのでご留意いただきたい。

◆電車・気動車・客車の形式称号

カタカナと数字の組み合わせで，カナ記号は，車種記号または重量記号に続いて用途記号が付く。数字は2桁または3桁で，新性能電車と総称される昭和34年以降に大量増備された電車の形式と一部の気動車だけが3桁，それ以外は2桁。それぞれ，表に示したように意味付けられている。形式と車両番号はハイフン「－」や空白，または桁位置で区切られている（旧性能電車は000から，ほかは1から始まる）。なお，JR東日本は1993年ごろから先頭に「E」を付けるようになった。

1両の内部が複数の用途の部分に分かれている車両（合造車という）は，用途記号を〈表4〉の順に列挙する。ただし，寝台車については「ネ」をまとめて，例

〈表1〉電車の車種記号

記号	運転車種
モ	中間電動車
クモ	制御電動車
サ	付随車*
ク	制御車*

＊ 付随車とは電動機なしの中間車，制御車とは運転台付きの車両のこと。

〈表2〉気動車の車種記号

記号	運転車種
キ	動力車
キサ	付随車（気動車）
キク	制御車（気動車）

〈表3〉客車の重量記号

記号	重量区分
コ	22.5t 未満
ホ	22.5～27.5t
ナ	27.5～32.5t
オ	32.5～37.5t
ス	37.5～42.5t
マ	42.5～47.5t
カ	47.5t 以上

〈表4〉電車・気動車・客車のおもな用途記号

記号	仕様	昭和44年以前	昭和35年以前
イネ	（廃止）	（廃止）	1等寝台車
ロネ	A寝台車	1等寝台車	2等寝台車
ハネ	B寝台車	2等寝台車	3等寝台車
イ	（廃止）	（廃止）	1等車
ロ	グリーン車	1等車	2等車
ハ	普通車	2等車	3等車
シ	食堂車		
テ	展望車		
ユ	郵便車		
ニ	荷物車		
ヤ	職用車（部内業務のための非営業用）		
エ	救援車（事故時などの復旧作業用）		
ル	配給車（業務用物品の部内運搬用）		

えば「AB寝台合造車」は「ロハネ」と書く。客車の場合，用途記号として，車掌弁または長期停車時に使用する手ブレーキ設置車は末尾に「フ」を付ける。

新性能電車は，百の位，十の位には〈表5〉，〈表6〉に示した意味がある。一の位は原則として登場順とし，奇数が代表形式，それから1を減じた偶数とで組になる。新性能電車以前につくられた旧性能電車は2桁形式番号で，十の位にはとくに意味はないが，一の位が0〜4が中間電動車・制御電動車，5〜9が制御車・付随車。3桁形式番号の気動車は，百の位が動力源の種類で分けられ1〜2はディーゼル機関，3はガスタービン機関とされ，JRでは4以上もディーゼル機関。十の位は国鉄新性能電車に準じて付けられ，一の位の使い分けはない。

〈表5〉新性能電車：百の位

番号	意味
1〜3	直流
4〜6	交直流
7〜8	交流
9	試作車

〈表6〉新性能電車：十の位

番号	現状	国鉄時代	当初の規定
0	通勤型	通勤型	近距離用
1〜2	近郊型	近郊型	
3	一般型		
4	事業用，非旅客用	事業用，非旅客用	事業用，非旅客用
5〜7	急行型・特急型	急行型	長距離用
8	特急型	特急型	
9	試験用	試験用	試験用

〈表7〉2桁形式気動車

数字	意味（十位）	意味（一位）**
0	機械式・電気式・旧形客車改造	両運転台車
1〜4	一般型	
5	2機関搭載型	片運転台車，中間車
6	大馬力機関型	
7	（使用例なし）*	
8	特急型	
9	試作型	

*　7はJR九州では特急型に，JR東海では快速用一般型で使用。
**　特急型は一の位の使い分けをしない。また，キハ60，キロ60は片運転台。

2桁形式番号の気動車は，〈表7〉のようになっている。

なお，昭和32年以前には，客車の一部として番号が割り付けられており，当時の客車の附番規定に準じて40000番台の数字が車両番号との合計で書かれていた。また，JR東日本では，2010年からハイブリッド気動車にはキハの代わりに，HB-を用いている（例：HB-E300系気動車）。

客車の形式番号は2桁で，一の位は，0〜7が2軸台車，8・9が3軸台車を用いた客車（昭和28年以前は7も3軸台車）。形式と車両番号との間には空白を空ける。

昭和16年以前には客車は，5桁の形式番号と0から始まる車両番号の合計が各車両に示されていた。

私鉄電車は国鉄電車と似たところもあるが，仮名記号では，「クモ」と「モ」を区別しなかったり，「モ」を「デ」に置き換えたり，「ハ」を略したりする例がある。また，形式番号と車両番号の合計の数字のみが車両に表示されることが圧倒的に多く，JR四国が（気動車も含めて）このような附番となっている。数字については，番号での区分が明確でない会社も多い。

◆機関車の形式称号

アルファベット1〜2文字と数字の組み合わせで，形式と車両番号（1から始まる）は空白で区切られる。アルファベット1文字目は機関車の種類を表す。

アルファベット2文字目（蒸気機関車だと1文字目）は，動軸数に応じてABC順に付ける。ここから，3動軸ならC型，4動軸ならD型などとよぶ。

〈表8〉機関車の1文字目

記号	種類
(なし)	蒸気機関車*
E	電気機関車
D	ディーゼル機関車
H	ハイブリッド機関車
A	蓄電池機関車

＊ 蒸気機関車はアルファベット1文字のみ

〈表10〉電気機関車およびディーゼル機関車の形式番号区分

形式番号	最高速度	区分（1961年以降の電気機関車）
10 〜 29	85 km/h 以下	直流
30 〜 39		交直流
40 〜 49		アプト式，交流
50 〜 69	85 km/h 超	直流
70 〜 79		交流
80 〜 89		交直流
90 〜 99	試作機	

〈表9〉蒸気機関車の形式番号区分

形式番号	区分
10 〜 49	タンク式
50 〜 99	テンダー式

＊ 1961年までは40〜49は特殊仕様機関車として，アプト式および交流・交直流試作機が使用。

＊ 85 km/hの区分は当時の貨物列車の最高速度に対応していたので，貨物用・旅客用の区分と解釈できる。しかし，1960年代から貨物列車の高速化が進み，85 km/h以下の機関車の新製は激減してしまい，85 km/h超の貨物用電気機関車も多数存在する。

　数字は，国鉄時代は2桁で十の位で区分がある。

　昭和3年以前に製造をほぼ終了した形式の蒸気機関車は数字のみ。形式と車両番号（0から始まる）の合計が各車に割りあてられた。

8620型蒸気機関車はこの規定に基づいているが，672両も製造されたため，8700型と重なることを避けるため，8699号機の次は18620号機，18699号機の次は28620号機などと附番された。

　なお，〈表11〉の規定は明治43年当時在籍した全機関車に適用され，小型機ほど若番形式とした。このため，明治5年の1号機関車の形式は1型ではなく150型となった。

〈表11〉昭和3年以前の蒸気機関車の形式番号区分

番号	仕様	動軸数
1 〜 999	タンク式	2
1000 〜 3999		3
4000 〜 4999		4 以上
5000 〜 6999	テンダー式	2
7000 〜 8999		3
9000 〜 9999		4 以上

参 考 文 献

本書の執筆にあたっては，雑誌「鉄道ファン」(交友社)，「鉄道ピクトリアル」(電気車研究会)，および「鉄道模型趣味」(機芸出版社)ならびに，以下の文献を参考にした．

- 青木栄一：『鉄道忌避伝説の謎』，吉川弘文館(2006)．
- 石井幸孝：『キハ47物語』，JTBパブリッシング(2009)；『キハ58物語』，JTBパブリッシング(2003)；『キハ82物語』，JTBパブリッシング(2005)．
- 石井幸孝ほか：『幻の国鉄車両』，JTBパブリッシング(2007)．
- 岩成政和：『食堂車ノスタルジー』，イカロス出版(2005)．
- 岡田誠一：『国鉄鋼製客車I』，JTBパブリッシング(2008)；『国鉄鋼製客車II』，JTBパブリッシング(2009)．
- 小野田 滋：『鉄道構造物探見』，JTB(2002)．
- 海外鉄道技術協力協会 編：『最新世界の鉄道』，ぎょうせい(2005)．
- 久保田博：『蒸気機関車のすべて』，グランプリ出版(1999)．
- 小池 滋ほか：『鉄道の世界史』，悠書館(2010)．
- 国立天文台編：『理科年表 平成22年』，丸善(2009)
- 斎藤 晃：『蒸気機関車の興亡』，NTT出版(1996)；『蒸気機関車の挑戦』，NTT出版(1998)．
- 坂本 衛：『鉄道施設がわかる本』，山海堂(2004)．
- 沢野周一，星 晃：『写真で楽しむ世界の鉄道』，全6巻，交友社(1959〜1964)．
- 沢柳健一：『旧型国電50年I』，JTBパブリッシング(2002)．
- 都市鉄道研究会：『【超図説】鉄道路線・施設を知りつくす』，学習研究社(2009)．
- 永瀬 唯：『疾走のメトロポリス——速度の都市，メディアの都市』，INAX(2001)．
- 福原俊一：『国鉄特急電車物語 直流電車編』，JTBパブリッシング(2010)；『日本の電車物語 旧性能電車編』，JTBパブリッシング(2007)；『日本の電車物語 新性能電車編』，JTBパブリッシング(2008)．
- 松田卓也監修：『三省堂新物理小事典』，三省堂(2009)．
- 吉江一雄：『停車場の配線を診断する』，日本鉄道技術協会(1978)．
- 脇田康隆ほか：『鉄道とコンピュータ』，共立出版(1998)．

あとがき

　蒸気機関車からマルス端末まで，本書では鉄道で使われているさまざまな技術と，それに関する物理学の法則を簡単に紹介した．
　鉄の車輪だと転がり摩擦が少ないとか，交流電気機関車は直流電気機関車より粘着性能がよいのでD型機でF型機の性能が発揮できるとか，弱め界磁によって電車の高速性能が決まるとか，トルクコンバーターで自動的に回転力と回転数が調整されるとか，鉄道趣味の雑誌や書籍にはさまざまな知識が紹介されているが，その理由や背景までを解説しているものはこれまでほとんどなかった．けれども，その多くが物理学の知識でかなりの程度まで説明可能であることにある時気付いたのが，本書を書こうと思ったはじまりであった．
　こうした考えを温めていた頃，ある書籍の編集会議の休憩時の雑談で，丸善出版事業部の堀内洋平氏が鉄道好きであることがわかり，これを実現できないかという話になった．こうして，『パリティ』での連載「物理で深まる鉄道趣味」が始まることになった．編集担当の遠藤絵美氏もじつは鉄道に興味があったらしい．幸いにして物理好きな読者の関心も引いたようで，連載終了の頃には本書の出版が決定した．
　書籍となると欲が出てきて，あれこれ写真も増やした．国際学会などのさいに撮影したものも含めて下手な写真を数多く掲載したが，いくつかは無理をお願いして同社の沼澤修平氏に手配をいただいた．そのほかにも私のわがままのために丸善の3氏には，ずいぶんご迷惑をおかけした．妻の真弓とその妹の高橋有紀にも日本語表現のおかしなところを指摘してもらったり，行き詰まっていた筆の運びを助ける励ましを受けたりした．これらの人々の協力がなければ，筆が滞りがちな私が本書を上梓することはできなかったであろう．巻末ながら感謝の意を示したい．

あとがき

　巷では，物理学は役に立たないと思っている人が多いと聞く．本書によって，高校で習う物理学も鉄道趣味を深めるうえでさえ大いに役立つことを知ってほしい．また，鉄道の話題をきっかけに物理学への関心をもっていただけたらと思う．「どんなものでも説明できる理屈があるはずで，それを知るのが人間の智恵の源泉である．」私は，この哲学と鉄道趣味を父から態度で受け継いだようである．理科離れ，物理離れが著しいようだが，本書がその歯止めとなり，逆に，ぐいぐいと坂を登るきっかけとなればと思いつつ，筆を置きたい．

　　　2010年9月　　　　　　　　　　　　　　　　　　　　半　田　利　弘

さくいん

あ行

アーチ橋　139
アタック角　91
圧縮比　43
アプト式　103
アルゴリズム設計　158

IOカード　145
1次コイル　27
移動閉塞　123
犬釘　130
インタークーラー　46
インダクタンス　26, 112
インバーター　34
インピーダンス　112, 151

渦電流　67

ATS　121
ATO　123
ATC　122
液冷エンジン　45
NATM　132
エネルギー保存則　18
LC回路　112
煙管　5
煙室　3
煙突　3
遅れ込め制御　67

か行

ガーダー橋　137
開削工法　134
界磁　17

回生失効　66
回転子　32
外燃機関　40
過給器　46
加減弁　7
火室　3
ガス機関　40
ガスタービン　52
架線　15
ガソリン機関　40
過熱管　9
過熱式機関車　9
カルダン式駆動　24
カルノーサイクル　8, 42
カルマン渦　78, 80
換算両数　98
慣性の法則　23
間接制御　22
カント　88
緩和曲線　82

軌条　126
切符　144
饋電線　26
軌道　126
軌道回路　110
気動車　42
　　電気式──　49
　　液体式──　50
逆転機　7, 43
吸着式磁気浮上システム　75
狭軌　86
橋脚　136
橋台　136
橋梁　136
曲線標　82
切土　132

空間波無線　152
空気抵抗　76
空冷エンジン　45
クランク軸　42

径間　136
ケーブルカー　105
桁　136
ゲルバー橋　142
現示　114

コイル　110
坑口　132
鋼索鉄道　105
剛体　127
交直両用電車　32
鋼鉄　126
勾配　96
勾配抵抗　70, 97
交流　17
交流電化　26
国際標準軌　5, 86
転がり摩擦　70
コロ軸受け　73
コンデンサー　110

さ行

再粘着　3
再粘着性能　22
再粘着特性　22
サイリスター　31
索道　105, 107
作用・反作用の法則　10
3気筒機関車　8
3相交流　33, 65

CTC　120
シールド工法　133
支間　136

磁気券　144
軸受け　72
軸距　92
軸重　2
磁性体　144
磁束　149
死点　7
自動改札　144
自動給炭機　5
自動進段　20
自動列車運転装置　123
自動列車制御装置　122
自動列車停止装置　121
支保工　132
車上切り換え方式　37
車掌弁　60
車体傾斜式車両　90
斜張橋　142
集中管理型システム　155
従輪　5
シュトループ式　103
主連棒　7
循環式索道　107
ジョイント音　128
蒸気機関車　2
蒸気動車　41
常伝導　74
省力化軌道　131
シリコン整流器　30
磁力　74
シリンダー　7, 40
新オーストリア工法　132
新幹線　75
真空管　28
信号機　113
　腕木式——　114
　3灯式——　116
　色灯式——　114

Suica　148

水銀整流器　28
スイッチバック　100
水冷エンジン　45
スーパーチャージャー　46
ストランド　140
スプレーグ式鉄道　14
スラブ軌道　131
スルッとKANSAI　145

制御つき自然振り子　90
正孔　29
制動距離　110
制動装置　56
整流器　27
制輪子　57
接合面　29
千分率　96
線膨張率　128
線密度　127
先輪　11
線路　126
　　——の曲線　82

騒音　79
総括制御　22
走行抵抗　70
相互式索道　107
操舵台車　91
外幌　79

た行

ターボシャフトエンジン　52
ターボチャージャー　46
タービン　52
ダイオード　31
第3軌条方式　136
台車　92
焚口　3
蛇行運動　85

脱線　85
タップ　28
タブレット　113
タルゴ式列車　87
タンク式機関車　10
炭水車　10
弾性体　127
断熱圧縮　41

地上切り換え方式　37
鋳鉄　126
厨房車　159
超伝導　74
直接制御　22
直並列制御　18
直流　17
直列　18
直結段　52

通票閉塞　113
対消滅　29
吊掛式駆動　23
つり橋　140

ディーゼル機関　40
抵抗軽減　74
抵抗制御　18
定尺レール　128
てこの原理　59
鉄心　145
デッドセクション　37
電気回路　15
電機子　17
電気抵抗　26
電気鉄道　14
電磁遮蔽　152
電磁波　147
電車　14
電子レンジ　160
テンダー式機関車　10

伝導帯　29

踏面　84
同軸ケーブル　152
道床　126
動輪　2
土構造　132
登山鉄道　103
トラス橋　137
トルクコンバーター　50
トレッスル橋　142
トンネル　132
トンネルドン　79

な行

内燃機関　40
内部摩擦　71

2軸車　92
2次コイル　27
2重弾性締結　130
2ストローク(2サイクル)エンジン　42

粘着　2
粘着係数　3

ノイマン型　155
ノッチ　20

は行

パーミル　96
排気量　45
歯車式変速装置　48
パスカルの原理　59
ばね下重量　23, 71
バラスト　126
搬器　107
パンタグラフ　15

半導体　29
反発式磁気浮上システム　74

引き上げ線　101
引き出し性能　98
火格子　4
ヒステリシス　30
非接触式ICカード　148
非接触式自動改札　146
ビュフェ　159
表面効果　74
平軸受け　72

VVVF電車　34
浮上式鉄道　74
フックの法則　142
プラグドア　78
フランジ　83
振り子式車両　89
ブレーキ　56
　　渦電流——　67
　　機械式——　57
　　空気——　56
　　自動——　60
　　ディスク——　57
　　電気(発電)——　65
　　電磁直通——　62
　　電力回生——　65
　　踏面——　57
プレストレストコンクリート　129
負論理　60
分岐器　119

閉塞　110
並列　19
ベルヌーイ効果　4
変圧器　27
変形　70
弁装置　7
変速機　47

ボイラー　6
ポイント　119
ボールベアリング　73
ボギー　92
保線　131
ホバークラフト　74

ま行

枕木　126, 128
摩擦係数　2
　　静止――　2, 70
　　動――　2
マスコン　16
マルス　154

みどりの窓口　153

無電区間　37

モーター　14, 17
　　交流整流子――　26
　　直流直巻――　17
モーメント　11
モノレール　72
盛り土　132

や行

誘導起電力　27
誘導電流　74
誘導無線　147
誘導モーター　32

弱め界磁　20
4ストローク(4サイクル)エンジン　42
4輪単車　92

ら行

ラーメン橋　142
ラジエーター　45
ラックレール　102
乱流　78

力積　71
リッゲンバッハ式　103
リニアモーター　34
流線形　76
流体変速機　50
料金前納式カード　146

ループ線　99

励磁コイル　32
レール　15, 126
レール横圧　83
レシプロ内燃機関　40
レジン　57
列車集中制御装置　120
連結棒　7
錬鉄　126

漏洩同軸ケーブル　153
ロープウェイ　107
ローレンツ力　17, 32
ロッハー式　105
路盤　132
路面電車　118
ロングレール　128

物理で広がる鉄道の魅力

　　　　　　　　　　　平成 22 年 10 月 30 日　発　　　行
　　　　　　　　　　　令和 5 年 9 月 30 日　第 8 刷発行

著作者　　半　田　利　弘

発行者　　池　田　和　博

発行所　　丸善出版株式会社
　　　　　〒101-0051　東京都千代田区神田神保町二丁目17番
　　　　　編集：電話 (03) 3512-3265／FAX (03) 3512-3272
　　　　　営業：電話 (03) 3512-3256／FAX (03) 3512-3270
　　　　　https://www.maruzen-publishing.co.jp

© Toshihiro Handa, 2010

組版・株式会社 薬師神デザイン研究所／印刷・株式会社 暁印刷
製本・株式会社 松岳社

ISBN 978-4-621-08289-8 C0042　　　　Printed in Japan

JCOPY　〈(一社)出版者著作権管理機構　委託出版物〉
本書の無断複写は著作権法上での例外を除き禁じられています。複写
される場合は，そのつど事前に，(一社)出版者著作権管理機構(電話
03-5244-5088, FAX 03-5244-5089, e-mail: info@jcopy.or.jp)の許諾
を得てください。